Der angewandte Mathematiker Henry Görtler: Sein Leben vor und nach 1945

Dietmar Kröner

Der angewandte Mathematiker Henry Görtler: Sein Leben vor und nach 1945

Springer Spektrum

Dietmar Kröner
Angewandte Mathematik
Albert-Ludwigs-Universität Freiburg
Freiburg (Breisgau), Deutschland

ISBN 978-3-662-71929-9 ISBN 978-3-662-71930-5 (eBook)
https://doi.org/10.1007/978-3-662-71930-5

Die Deutsche Nationalbibliothek verzeichnet diese Publikation in der Deutschen Nationalbibliografie; detaillierte bibliografische Daten sind im Internet über https://portal.dnb.de abrufbar.

Planung/Lektorat: Andreas Rüdinger
Springer Spektrum ist ein Imprint der eingetragenen Gesellschaft Springer-Verlag GmbH, DE und ist ein Teil von Springer Nature.
Die Anschrift der Gesellschaft ist: Heidelberger Platz 3, 14197 Berlin, Germany

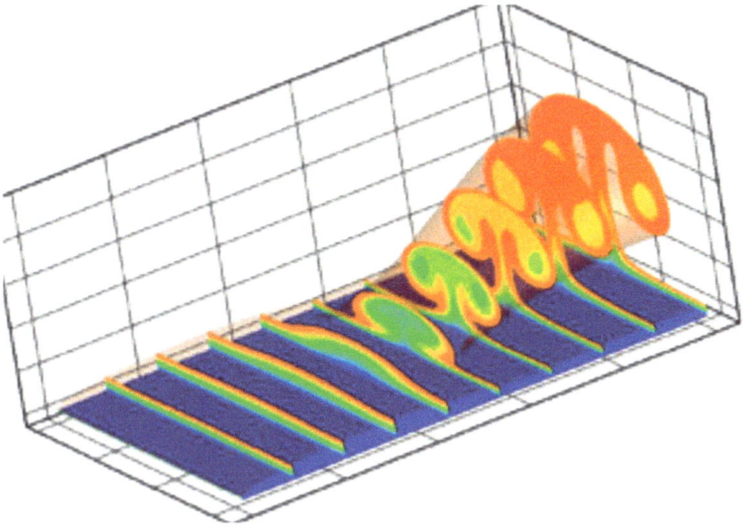

Abb. 1 Görtler-Wirbel

Abb. 1 zeigt Wirbel in einer Strömungsgrenzschicht einer Flüssigket, die nach Henry Görtler benannt sind und Görtler-Wirbel heißen.[1]

[1] Aus: Dongdong Xu, Jianxin Liu, Xuesong Wu, Görtler vortices and streaks in boundary layer subject to pressure gradient excitation by free stream vortical disturbances, nonlinear evolution and secondary instability, pubished online by Cambridge University Press: 06 August 2020.

Abb. 2 Henry Görtler
Autor: Klaus Kirchgässner. Quelle: Bildarchiv des Mathematischen Forschungsinstituts Oberwolfach.

Vorwort

Wie komme ich dazu, als Mathematiker und Nicht-Mathematik-Historiker eine Biografie über Professor Henry Görtler aus Freiburg zu schreiben? Volker Remmert hat mich auf diese Idee gebracht. Volker Remmert hat in Freiburg sein Diplom in Mathematik abgelegt, in Mathematikgeschichte promoviert und hat heute einen Lehrstuhl für Mathematikgeschichte an der Universität Wuppertal. Er hat im Laufe der Zeit die Geschichte des Mathematischen Forschungsinstituts in Oberwolfach und des Mathematischen Instituts in Freiburg unter besonderer Berücksichtigung der Mathematiker Süß und Doetsch sehr detailliert aufgearbeitet und die Ergebnisse veröffentlicht. Bei seinen Recherchen hat er aber den angewandten Mathematiker Görtler nicht berücksichtigt. Irgendwann hat Volker Remmert mich dann angesprochen, ob ich nicht Lust und Interesse hätte, mich um die Biografie von Henry Görtler zu kümmern, da ich oder mein Kollege Gerhard Dziuk doch die Nachfolger Henry Görtlers in der Angewandten Mathematik in Freiburg wären. Wir, Volker Remmert und ich, kommen beide aus dem Ort Lengerich. Daher hatten wir immer mal wieder Kontakt in Freiburg. Ich habe auf seinen Vorschlag erwidert, dass ich mir das Projekt mal überlegen würde, wenn ich viel Zeit hätte. Irgendwann kam dann dieser Zeitpunkt und ich habe mir als erstes den Aufsatz von Görtler in der Zeitschrift Deutsche Mathematik angesehen. Als ich in dieser Arbeit dann die spektakulären Äußerungen von Henry Görtler gelesen hatte, war mein Interesse an weiteren Details aus seinem Leben geweckt. Daraufhin habe ich begonnen, die Bestände im Archiv der Universität Freiburg und im Archiv der Max-Planck-Gesellschaft in Berlin nach Informationen über Görtler zu durchforsten. Mein Interesse wurde immer größer, sodass schließlich aus diesen Arbeiten dieses Buch entstanden ist.

Durch einen weiteren Hinweis von Volker Remmert und Karsten Urban, dem jetzigen Präsidenten der GAMM, bin ich auch auf den Sohn von Henry Görtler, Dirk Görtler, gestoßen. Er wohnt immer noch in dem Haus seines Vaters in Freiburg-Herdern, wo ich ihn mehrfach besucht habe. Ihm habe ich viele zusätzliche, interessante und aufschlussreiche Informationen und Bilder zu verdanken.

Im Jahr 2023 hatte mich Volker Remmert zu einem Vortrag über Görtler nach Wuppertal eingeladen. In der Diskussion im Anschluss an meinen Vortrag haben sich weitere interessante und wichtige Hinweise für mich ergeben, so z. B. auf die Akten im Archiv des Deutschen Zentrums für Luft- und Raumfahrt. Die zentrale Aussage in Abschn. 5.5.4 verdanke ich Jason Lemberg, der mich in der Diskussion nach meinem Vortrag auf diese Aussagen von Görtler hingewiesen hat.

Als ich im Juni 2024 im Kolloquium des Mathematischen Institut der Universität Freiburg über diese Biografie vorgetragen habe, hatte ich auch Dirk Görtler eingeladen und er hatte diese Einladung auch angenommen. Nach dem Vortrag hat er mir gesagt, dass er sehr froh sei, dass sich jemand um die Biografie seines Vaters kümmern würde. Als Kind und Jugendlicher hat er beim Abendessen mit seinen Eltern immer wieder die Namen von Mathematikern gehört, mit denen er aber damals nichts anfangen konnte, die er aber nach meinem Vortrag nunmehr ein- und zuordnen konnte. Für seine Unterstützung bei der Erstellung dieser Biografie und die bereitgestellten Bilder bin ich ihm sehr dankbar.

Ferner gilt mein Dank Egon Krause und Karl Rösner für ihre Zeitzeugendokumente aus der Sicht von fachnahen Wissenschaftlern sowie Friedhelm Bär aus der Sicht eines Studenten und Frau Sturm aus der Sicht einer Mitarbeiterin. Für die vielen Bilder bedanke ich mich bei Karl Rösner, der Abteilung für Angewandte Mathematik des Mathematischen Instituts der Universität Freiburg und dem Mathematischen Forschungsinstitut in Oberwolfach. Außerdem bin ich den Archiven der Universität Freiburg, der Max-Planck-Gesellschaft in Berlin und des Deutschen Zentrums für Luft und Raumfahrt für die Bereitstellung der Akten zu Dank verpflichtet.

Ferner gilt mein Dank auch den Mitarbeitern des Springer-Verlages: Andreas Rüdinger, Nadine Teresa Togi Thomas, Christian Pement und Rahul Ravindran. Nicht zuletzt danke ich auch meiner Partnerin Ulla Maria Tripp für viele Gespräche und Diskussionen über die Inhalte des Buches, ihre Geduld und Unterstützung.

Dietmar Kröner

Inhaltsverzeichnis

Einleitung und Lebenslauf

1

1.1 Einleitung

Henry Görtler (*26.10.1909 in Calgary; † 1987 in Freiburg) hat nach dem zweiten Weltkrieg das Institut für Angewandte Mathematik an der Universität Freiburg gegründet. Er ist einer der „profiliertesten Mathematiker" [115] an der Schnittstelle Angewandte Mathematik, Numerik und Strömungsmechanik. Er war Mitarbeiter bei dem damaligen „Papst" der Strömungsmechanik, Ludwig Prandtl, hat als Wissenschaftler seine Karriere vor 1945 begonnen, war intensiv in die Arbeiten, auch kriegsrelevanten Arbeiten, des Kaiser-Wilhelm-Instituts (KWI) für Strömungsforschung in Göttingen involviert, gehörte 1959 zu einem Kreis von 15 Mathematikern, die sich über die Zukunft des Mathematischen Forschungsinstituts Oberwolfach Gedanken gemacht haben, gehörte 1959 zu den Gründungsmitgliedern der Gesellschaft für Mathematische Forschung [103] in Oberwolfach, war Direktor eines DVFLR-Instituts (DVFLR = Deutsche Versuchsanstalt für Luft und Raumfahrt), war Mitglied mehrerer Akademien der Wissenschaften und hat als Mathematiker im Institut für Angewandte Mathematik in Freiburg einen Wasserkanal betrieben.

Hermann Witting[1] hat anlässlich des Todes von Henry Görtler seinen Lebenslauf in einem Nachruf sehr eindrucksvoll und detailliert dargestellt und sein Lebenswerk gewürdigt. Diesen Nachruf, der in der Schriftenreihe der Heidelberger Akademie der Wissenschaften erschienen ist, möchte ich hier zitieren [115]:

[1] Witting war wie Görtler Mitglied der Heidelberger Akademie der Wissenschaften und hat bei Görtler habilitiert.

D. Kröner, *Der angewandte Mathematiker Henry Görtler: Sein Leben vor und nach 1945*,
https://doi.org/10.1007/978-3-662-71930-5_1

„Henry Görtler wurde am 26. Oktober 1909 als Sohn deutscher Eltern in Calgary (Kanada) geboren, wo er auch seine frühe Jugend verbrachte und zunächst englischsprachig aufwuchs.[2] Um eine deutsche Schule besuchen zu können, kam er 1923 nach Deutschland zurück und legte in Gießen das Abitur ab. Zunächst entschied er sich, wie sein Vater, Architekt zu werden. Nach kurzem Studium dieses Faches in München widmete er sich jedoch demjenigen der Mathematik und Physik. Bei diesem fühlte er sich zunächst besonders durch A. Sommerfeld[3] angesprochen. Da er sich jedoch als Werkstudent den Lebensunterhalt selber verdienen mußte und die Doppelbelastung seine Gesundheit stark angegriffen hatte, kehrte er zum 6. Semester nach Gießen zurück. Hier wurde er bei dem theoretischen Physiker G. Jaffé[4] , den er als seinen eigentlichen Doktorvater bezeichnete, erstmalig mit den Schwierigkeiten nichtlinearer Differentialgleichungen konfrontiert. Nach Jaffés erzwungener Emigration kehrte er zunächst zur reinen Mathematik zurück, legte 1934 das Staatsexamen[5] ab und wurde 1936 mit einer durch einen Universitätspreis ausgezeichneten Arbeit über ein Eigenwertproblem bei einer Differentialgleichung vierter Ordnung promoviert zum Dr. phil. an der Justus-Liebig-Universität Gießen. Thema der Dissertation: Asymptotische Eigenwertgesetze bei Differentialgleichungen vierter Ordnung. Gutachter: Harald Geppert[6] , Egon Ullrich[7] Angeregt durch H. Geppert beschäftigte er sich dann intensiv mit Fragen der Differentialgeometrie, was zu mehreren Publikationen über konvexe und allgemeinere stützbare Bereiche führte. Schon 1937 wechselte er an das Kaiser-Wilhelm-Institut für Strömungsforschung in Göttingen, wo er – wie auch in seiner Antrittsrede steht – trotz der Wirren der Zeit die sieben fruchtbarsten Jahre seines Lebens verbrachte und durch Ludwig Prandtl[8] , den Begründer der modernen Hydro- und Aerodynamik, seine wissenschaftliche Prägung erfuhr. Die gemeinsame Arbeit und nicht zuletzt die regelmäßigen gemeinsamen Heimwege führten auch zu einer starken persönlichen Bindung. Unter Prandtls Einfluß entstanden bald die ersten Arbeiten zur mathematischen Strömungsforschung, insbesondere zur Grenzschichttheorie. Der Erforschung der Rolle der inneren Reibung von Flüssigkeiten bei der Umströmung von Körpern und der Untersuchung der diese beschreibenden nichtlinearen Differentialgleichungen blieb Görtler nun zeitlebens treu. Hier waren es besonders zwei Fragenkreise, mit denen er sich immer wieder beschäftigte und mit denen sein Name untrennbar verbunden ist: die Berechnung laminarer Grenzschichten bis in die Nähe der Ablösestelle und die Instabilität einer Grenzschicht gegenüber dreidimensionalen Störungen, den Taylor-Görtler-Wirbeln. Bereits in seinen ersten Arbeiten hatte Görtler versucht, die Verfahren zur Berechnung der Geschwindigkeitsverteilung in einer ebenen stationären laminaren Grenzschicht dahingehend zu verbessern, daß sie auch deren Berechnung weit stromabwärts ermöglichten. Diese Überlegungen gipfelten 1957 in einer neuen Reihen-

[2] Sein Vater Heinrich Görtler war Architekt. Ein Beruf der Mutter wird im Fragebogen nicht angegeben [120]. Dirk Görtler: „Über meinen kanadischen Großvater weiß ich nichts, nur dass er und meine Großmutter aus Deutschland zuerst nach Australien auswandern wollten, dann aber in England wohl von kanadischen Anwerbern angesprochen wurden und sich umentschieden haben nach Kanada zu gehen."

[3] Arnold Sommerfeld, Physiker, 1868–1951, studierte bei Hilbert, Lindemann, Hurwitz.

[4] George Jaffé war u. a. Schüler des Nobelpreisträgers Wilhelm Oswald und von Ludwig Boltzmann.

[5] In reiner Mathematik und Physik und angewandter Mathematik als Ergänzungsfach.

[6] Harald Geppert 1902–1945.

[7] Egon Ullrich 1902–1957.

[8] Ludwig Prandtl, 1875–1953 [81]. 1902 Professor in Hannover und ab 1904 Professor in Göttingen. Gründung 1919 der Aerodynamischen Versuchsanstalt AVA in Göttingen, die Vorgängereinrichtung des Deutschen Zentrums für Luft- und Raumfahrt und 1925 Gründung und Direktor des Kaiser-Wilhelm-Instituts für Strömungsfoschung . Seit 1907 erforschte er die Überschallströmung und die dabei entstehenden Stoßwellen, die bereits 1860 von Bernhard Riemann theoretisch vorausgesagt worden waren. Weiterhin hat er wesentliche Beiträge zur Turbulenztheorie geleistet.

entwicklung, der Görtler-Reihe. Sie beruht auf der Verwendung geeignet transformierter Veränderlicher, welche auf die Gegebenheiten des jeweiligen Problems zugeschnitten sind, und gestattet so auch, allgemeinere umströmte Profile als mit den bisherigen Methoden zu behandeln. Insbesondere erfüllt bereits das erste Glied exakt die äußeren Randbedingungen, wie es auch in den Spezialfällen mit geschlossen angebbaren „ähnlichen" Lösungen diese schon vollständig liefert. Wesentlich für die praktische Anwendung ist die Tatsache, daß sich die Entwicklungskoeffizienten als Linearkombinationen problemunabhängiger Funktionen darstellen lassen, für die später in Zusammenarbeit mit dem Rechenzentrum des MIT[9] Vertafelungen erstellt werden. Nachdem Tollmien[10] und Schlichting[11] die Instabilität einer ebenen laminaren Grenzschicht gegenüber zweidimensionalen wellenförmigen Störungen nachgewiesen hatten, zeigt Görtler 1940 in seiner Habilitationsschrift[12] diejenige gegenüber dreidimensionalen Störungen in Form longitudinaler Wirbel längs konkaver Wände und erkennt die Parallelität zu der von Rayleigh vorhergesagten und von Taylor näher untersuchten Instabilität der Strömung zwischen rotierenden Zylindern. Analoge Erscheinungsformen bei konkav gekrümmten Stromlinien, u. a. bei ozeanischen und atmosphärischen Strömungen oder bei einer etwa primär durch Tollmien-Schlichting-Wellen gestörten laminaren Grenzschicht, werden in den folgenden Jahren untersucht und durch experimentell gewonnene Ergebnisse bestätigt. Aber auch außerhalb dieser beiden Hauptarbeitsgebiete hat Görtler zahlreiche originelle Beiträge geliefert, So werden in zwei heute wieder aktuellen Arbeiten erzwungene kleine Schwingungen in einer der Schwerkraft unterworfenen Flüssigkeit mit stabiler Dichteschichtung wie auch solche in einer rotierenden Flüssigkeit untersucht. In beiden Fällen wird gezeigt, daß die für die Dynamik der Flüssigkeiten grundlegenden Gleichungen bei Frequenzen unterhalb eines kritischen Werts hyperbolisch bzw. oberhalb elliptisch sind. Auch der experimentelle Nachweis, daß für niedrige Frequenzen gewisse Regularitätsdefekte demgemäß zugleich in allen Punkten derselben reellen Charakteristik auftreten, gelingt. Mit einer Arbeit zur Eindeutigkeit der Lösungen der Prandtlschen Grenzschichtgleichungen gibt er den Anstoß zu Untersuchungen über die mathematische Begründung der Grenzschichttheorie wie auch wesentliche Impulse zur Entwicklung einer Theorie der Differentialgleichungen. 1944 wurde Görtler als Extraordinarius nach Freiburg berufen, wo er 1949 zum Ordinarius ernannt wird und bald mit dem Aufbau eines eigenen Instituts für Angewandte Mathematik beginnt. Dieses und ein 1957 der Universität angegliedertes Institut für Angewandte Mathematik und Mechanik der Deutschen Versuchsanstalt für Luftfahrt ermöglichen es ihm, einen Kreis von Schülern um sich zu sammeln und an die aktuellen Probleme der mathematischen Strömungsforschung heranzuführen. Eine Reihe seiner damaligen Mitarbeiter vertreten heute als Lehrstuhlinhaber diese in Freiburg gewonnene problemorientierte Auffassung von Angewandter Mathematik und tragen so zu deren Bedeutung in unserem Lande bei. Besonderen Einfluß auf die Entwicklung seines Faches hatte Görtler auch durch sein Engagement in der Gesellschaft für Angewandte Mathematik und Mechanik (GAMM). Schon 1950 wurde er – wohl auf Vorschlag von Prandtl – zu deren Geschäftsführer und von 1955–1958 dann zu deren Vorsitzenden gewählt. Ihm ist es zu verdanken, daß die GAMM-Tagungen zu Stätten internationalen wissenschaftlichen Gedankenaustauschs wurden und sich Industrie und Wirtschaft schon in der damaligen Aufbauphase dem noch jungen Diplom-Mathematiker öffneten. Im Jahre 1966 hat Görtler auf der GAMM-Jahrestagung in Darmstadt einen der Hauptvorträge zum Thema „Die Grundlagen der Theorie der physikalischen Dimensionen" gehalten, siehe auch

---

[9] Massachusetts Institute of Technology.

[10] Walter Tollmien 1900–1968, Promotion bei Prandtl, Untersuchung zur Turbulenzentstehung.

[11] Hermann Schlichting 1907–1982, nach ihm und Tollmien wurden die Tollmien-Schlichting-Wellen benannt.

[12] Habilitation: Dr. rer. nat. habil. Georg-August-Universität Göttingen 1940, Thema: Über eine dreidimensionale Instabilität laminarer Grenzschichten an konkaven Wänden.

Abschn. 8.12 [2]. Große Verdienste hat er sich auch durch sein vielfältiges Engagement bei der Entwicklung neuer, ihm wichtig erscheinender Gebiete erworben, auch wenn diese nicht zu seinem engeren Interessengebiet gehörten. So hat er etwa die Gründung einer deutschen Gesellschaft für Unternehmensforschung mitgetragen, wurde 1966 deren Ehrenmitglied und hat das DFG-Schwerpunktprogramm zur Entwicklung elektronischer Rechenanlagen mit initiiert. Auch anderen wissenschaftspolitischen Aufgaben hat er sich nie verschlossen und zahlreiche Ehrenämter engagiert wahrgenommen. So war er bereits 1949–1950 Dekan der damaligen Mathematisch- Naturwissenschaftlichen Fakultät, von 1966–1972 Vorsitzender der Wissenschaftlichen Gesellschaft in Freiburg und über viele Jahre Mitherausgeber angesehener wissenschaftlicher Zeitschriften sowie in verschiedenen Funktionen für die Deutsche Forschungsgemeinschaft tätig. Bei seinen wissenschaftlichen Erfolgen und seinem persönlichen Engagement blieben Auszeichnungen und Ehrungen nicht aus. Seiner Wahl 1961 in unsere Akademie [Heidelberger Akademie der Wissenschaften] folgten 1963 diejenige in die Deutsche Akademie der Naturforscher Leopoldina, 1964 Senator dieser Akademie, 1967 die Verleihung der Carl-Friedrich-Gauß-Medaille sowie 1984 diejenige des Preises für Technik und Angewandte Naturwissenschaften. Rufe an die Universitäten Hannover, Karlsruhe und Cincinnati lehnte er ab. Auch führte sein organisatorisches und diplomatisches Geschick – begünstigt durch seine natürliche Zweisprachigkeit – zu internationalen Aufgaben. So vertrat er ab 1962 die Bundesrepublik im Generalrat der Internationalen Union für Theoretische und Angewandte Mechanik (IUTAM), deren Generalsekretär und späterer Präsident (1972–76) er wurde. 1957 hat er in Freiburg den IUTAM Kongress organisiert (Abb. 1.1).

Seine internationale Wertschätzung spiegelt sich auch in der Wahl zum Fellow des American Institute of Aeronautics and Astronautics, der Ehrenmitgliedschaft in verschiedenen ausländischen Gesellschaften sowie der Ehrenpromotion durch die Universität seiner Geburtsstadt Calgary 1971 wider. Görtler war eine starke Persönlichkeit mit großer Ausstrahlung auch auf Fernerstehende. Seine Vorlesungen zeichneten sich durch besondere Klarheit und

Abb. 1.1 IUTAM 1957. (Quelle: Fotoarchiv Karl Roesner)

didaktisches Geschick aus. Häufig wählte er Themen, die für die Physik von besonderer Bedeutung waren. Mit seinem ruhigen, klaren Vortrag, bei dem der englische Akzent nicht zu überhören war, konnte er Mathematiker wie Naturwissenschaftler in seinen Bann ziehen. Die Grundlagenforschung auf den verschiedensten Gebieten der Strömungslehre, der sein Hauptinteresse galt, förderte er in intensiven Gesprächen mit seinen Schülern und in den regelmäßig stattfindenden Mitarbeiter-Seminaren, die durch sein großes intuitives Verständnis für Strömungsvorgänge und seine dimensionsanalytischen Überlegungen geprägt wurden, Aspekte, die ihn auch bei seinen eigenen wissenschaftlichen Arbeiten immer wieder leiteten und die schließlich zu einem Buch über Dimensionsanalysis (1975) führten. Seinen Mitarbeitern gegenüber war er ein großzügiger und liberaler Chef, ihnen jedoch Rat und Ermunterung gebend, wenn dieses notwendig erschien. Privat zeigte er – auch seinen Schülern und befreundeten Kollegen gegenüber – eine gewisse Zurückhaltung. Nach seiner Emeritierung zog er sich gern in sein zweites Heim nach Altglashütten zurück, wo er im Hochschwarzwald bei ausgedehnten Wanderungen Erholung und Entspannung suchte. Seine letzten Jahre waren durch die sich mehr und mehr abzeichnende Krankheit überschattet, so daß der Tod für ihn und seine Familie – seine Frau und seine beiden Söhne – schließlich eine Erlösung darstellte."

Verständlicherweise kommt die Bedeutung der Forschung von Görtler am Kaiser-Wilhelm-Institut für Strömungsforschung in Göttingen und deren Relevanz für die Kriegsforschung (siehe Kap. 3) in diesem Lebenslauf etwas zu kurz. Auch wird die Arbeit von Görtler, die er in der Deutschen Mathematik veröffentlicht hat, nicht angesprochen. Wir gehen in Abschn. 2 näher darauf ein.

Witting beschreibt in seinem Nachruf das Arbeitsgebiet von Görtler: „Die Berechnung laminarer Grenzschichten bis in die Nähe der Ablösestelle und die Instabilität einer Grenzschicht gegenüber dreidimensionalen Störungen, den Taylor-Görtler-Wirbeln." Daher füge ich hier eine kurze, einfache Erläuterung zu laminaren und turbulenten Strömungen ein.

Unter einer laminaren Strömung versteht man eine Strömung, die gleichsam in Schichten strömt, die sich nicht vermischen. Falls die Schichten sich vermischen und die Flüssigkeit oder das Gas verwirbelt wird, spricht man von Turbulenz. Bei einem umströmten Tragflügel bei einem fliegenden Flugzeug strömt die Luft zunächst laminar in einer schmalen Grenzschicht um den Tragflügel bis zu einem Punkt (genauer bis zu einer Linie), an dem die Strömung turbulent wird. Je weiter dieser Punkt stromabwärts liegt, umso besser, d. h. umso geringer, ist der Luftwiderstand und umso besser ist der Auftrieb. Durch die Geometrie des Tragflügels kann man die Lage des Punktes, an dem aus der laminaren Strömung eine turbulente wird, beeinflussen. Durch Experimente im Windkanal und auch durch numerische Experimente (numerische Simulationen) versucht man für einen gegebenen Tragflügel die Lage des Punktes, an dem aus der laminaren Strömung eine turbulente wird, vorherzusagen. Diese numerische Simulation und die zugehörige mathematische Analyse sind das Arbeitsgebiet von Görtler. Wie man sich leicht vorstellen kann, ist diese Fragestellung für die zivile und militärische Luftfahrt ungeheuer wichtig, und damit auch das Arbeitsgebiet von Görtler.

Einen weiteren Nachruf hat K. Kirchgässner[13] [92] verfasst, der sich in weiten Teilen mit dem oben zitierten Nachruf von Witting deckt. Der Nachruf von Kirchgässner ist im Abschnitt „Dokumente" zu finden.

1.2 Weitere Daten aus dem Leben von Henry Görtler[14]

06.06.1955 Vorsitzender der Gesellschaft für Angewandte Mathematik und Mechanik

30.07.1956 Berufung in den Wissenschaftlichen Beirat der Deutschen Versuchsanstalt für Luftfahrt

Winter 1955/56 Gastprofessur Indiana University

Winter 1958/59 Gastprofessur Michigan University

02.11.1960 Ruf an die University of Cincinnati.

Damit wollte die University of Cincinnati erreichen, dass es Görtler aufgrund seines wissenschaftlichen Namens, seiner persönlichen Verbindungen und seiner Erfahrungen auf dem Gebiet der internationalen Wissenschaftsorganisation als Leiter dieses Zentrums führende Mathematiker aus verschiedenen Ländern zu gewinnen und dass er die Leitung der Forschungsarbeiten und der Nachwuchsausbildung verantwortlich übernimmt. Zur Situation in Freiburg schreibt er: Wiederholt jährlich eingereichte bescheidene Anträge zur Behebung der dringendsten Notstände sind zum überwiegenden Teil abgelehnt worden. Durch die Ablehnung des Rufes an die University of Cincinnati „wird das Kultusministerium einen 2. ordentlichen Lehrstuhl für angewandte Mathematik bei den bewilligenden Stellen zur Anforderung bringen." Im Jahr 1962 beantragt dann die Fakultät dieses neue Ordinariat [121].

Vertreter der BRD in dem Advisory Panel der NATO 28.07.1950 [121]

Gewähltes Mitglied des Instituts of Mathematical Statistics in Ann Arbor

Vorstandsmitglied der Wissenschaftlichen Gesellschaft für Luftfahrt [121]

Gastprofessur in Indiana für ein Jahr 1952

Rufe nach Hannover und Karlsruhe 1952, beide abgelehnt

Berufung in den „Beratenden Ausschuss für Luftfahrtforschung" 1953

Ordentliches Mitglied des Institute of the Aeronautical Sciences (USA) 1954

Fellow of the American Institute of Aeronautics and Astronautics, 27.01.1959 [121]

1961 Mitglied der Heidelberger Akademie der Wissenschaften

17.05.1963 Mitglied der Leopoldina

14.04.1967 Carl-Friedrich-Gauß-Medaille

02.11.1966 Ehrenmitglied Deutsche Gesellschaft für Unternehmensforschung

16.06.1970 Ehrenpräsidium Kanadischer Kongress Angewandte Mechanik, Calgary

[13] Mitglied der Heidelberger Akademie der Wissenschaften, Doktorand von Görtler und später u. a. Professor in Stuttgart.

[14] Archiv der Universität Freiburg B162–1839, Personalakte Görtler [121].

21.05.1971 Ehrenpromotion Calgary

26.08.1972 Präsident IUTAM Moskau (vorher General und Schatzmeister)

12.01.1973 Ehrenmitglied Deutsche Gesellschaft für Operations Research

15.01.1972 Korrespondierendes Mitglied der Polnischen Gesellschaft Theoretische und Angewandte Mechanik

19.02.1975 Korrespondierendes Mitglied der Braunschweigischen Wissenschaftlichen Gesellschaft

Preis der Aachener und Münchener Versicherung AG für Technik und Angewandte Naturwissenschaften 1984

06.02.1985 Ehrenmitglied der Jugoslawischen Gesellschaft für Mechanik

Die Zeit bis 1937 2

2.1 Görtler und die Deutsche Mathematik

Görtler hatte sein Studium in München begonnen, ging dann aber zurück nach Gießen und hat dort im Jahre 1934 sein Staatsexamen im Alter von 25 Jahren abgelegt, ein Jahr nach der Machtergreifung Hitlers. Das nationalsozialistische Umfeld hat seinen Einfluss auch auf Görtler ausgeübt. Dieses nationalsozialistische Umfeld ist beispielhaft charakterisiert durch folgendes Zitat aus [98].

> „Als aktueller Aufhänger seiner Theorie dienen Bieberbach Differenzen des Mathematikprofessors Edmund Landau (1877–1938) mit der Studentenschaft in Göttingen, die dem Lehrbetrieb des Herrn Landau ein Ende bereitet hatten. Landau war 1909 auf den Lehrstuhl Minkowskis berufen worden. Er stand in dem Ruf, ein schwieriger, reicher Berliner Jude zu sein. Landau paßte zudem mit seinem Spezialgebiet, der analytischen Zahlentheorie, nicht recht in die Göttinger Tradition, deren Charakteristikum die Betonung der Wechselbeziehung von Theorie und Praxis war. Alles, was mit mathematischen Anwendungen zu tun hatte, bezeichnete Landau herablassend als Schmieröl. Er vertrat das Ideal absoluter Genauigkeit und Vollständigkeit. Wie in den Vorlesungen entwickelte Landau auch in seinen Büchern und Aufsätzen mit der Zeit einen knappen, konzentrierten Stil und verwischte nach einer zuerst von Gauß eingeführten Tradition – die psychologischen Spuren der Resultatsfindung gänzlich. Daß ein solcher Stil bei Studenten nicht immer auf Gegenliebe stieß, versteht sich von selbst. Zu Beginn des Wintersemesters 1933 wurde seine Vorlesung boykottiert. Ein“ Boykottkommando „von etwa 70 Studenten, teilweise in SA-Uniformen, versperrte den Zugang zum Hörsaal. Landau kehrte in sein Zimmer zurück und wurde, wie Richard Courant an den amerikanischen Mathematiker Abraham Flexner (1866–1959) schrieb, von einem Sprecher der Studenten (vermutlich dem Führer der Göttinger Studentenschaft Oswald Teichmüller) aufgesucht und darüber belehrt, daß die arischen Studenten arische Mathematik und keine jüdische hören wollten, und daher Landau um Verzicht auf die Abhaltung der Vorlesung bäten.“ Courant erscheint es allerdings sicher, dass im Hintergrund zumindest sympathisierend mehr autoritative Leute stehen, welche die Zerstörung der Göttinger mathematisch-naturwissenschaftlichen Institutionen ziemlich offen proklamieren. „Da Landau finanziell unabhängig war, trat er nach dieser Boykottaktion zurück und siedelte nach Berlin über. Bie-

D. Kröner, *Der angewandte Mathematiker Henry Görtler: Sein Leben vor und nach 1945*,
https://doi.org/10.1007/978-3-662-71930-5_2

berbach bezeichnet diesen Boykott als mannhafte Abwehr der Göttinger Studenten. Instinktiv hätten sie in Landau einen „Typus undeutscher Art, die Dinge anzupacken gesehen". Der Fall biete ein Musterbeispiel dafür, daß Vertreter allzu verschiedener menschlicher Rassen nicht als Lehrer und Schüler zusammenpassen."

Der nationalsozialistische Einfluss auf die Wissenschaft war auch in Freiburg spürbar. Hier war die Erteilung der venia legendi an jüdische Wissenschaftler nicht erst ab 1933, sondern schon um die Jahrhundertwende keine Selbstverständlichkeit. Da jedoch außer Lüroth[1] und Stickelberger[2] kein Dozent der Mathematik vorhanden war, bestand ein Bedarf, der dem jüdischen Mathematiker Loewy[3] gute Möglichkeiten in Freiburg eröffnete. [110][4]

Schon bei der Berufung Loewys in Freiburg gab es Vorbehalte wegen seiner jüdischen Abstammung. Der Freiburger Physikprofessor Johann Georg Koenigsberger, Mitglied des Badischen Landtags, der bereits in einer Debatte vor dem badischen Landtag unter Anspielung auf die Umstände von Loewys Berufung den Antisemitismus an der Freiburger Universität angeprangert hatte, richtete im August 1919 ein Schreiben an den Akademischen Senat, indem er unter dem Titel „Bezüglich Einfluss von politischer Gesinnung und Konfession" der Fakultät vorwarf, die Berufung Loewys habe von der Regierung gegen antisemitische Tendenzen in der Fakultät durchgesetzt werden müssen.[5] Königsberger selbst wurde 1933 wegen jüdischer Abstammung von seinem Lehrstuhl suspendiert und 1934 von der Universität Freiburg entlassen.

---

[1] Lüroth: 1883–1910 ordentlicher Professor für Mathematik in Freiburg; 1889 Prorektor. Lüroth verhalf der Mathematik in Freiburg zu einem institutionellen Aufschwung und gründete das „Versicherungswissenschaftliche Seminar". Studierte zunächst Astronomie in Bonn, dann Mathematik in Heidelberg, wo er 1865 bei Otto Hesse promoviert wurde. Weiteres Studium in Berlin bei Karl Weierstraß und in Gießen bei Alfred Clebsch. Habilitation 1867 in Heidelberg, ab 1868 Professor in Karlsruhe und 1880 an der TH München. Mitglied der Heidelberger Akademie der Wissenschaften.

[2] Stickelberger: Uni Freiburg: 1879–94 außerordentlicher, 1894–1919 ordentlicher Professor für Mathematik, studierte Mathematik in Heidelberg und Berlin, wo er 1874 bei Karl Weierstraß promoviert wurde. Habilitation 1874 in Zürich. Mitglied der Leopoldina und der Heidelberger Akademie der Wissenschaften.

[3] Loewy: Uni Freiburg: 1897 Privatdozent, seit 1902 außerordentlicher Professor, seit 1916 ordentlicher Honorarprofessor, 1919–33 ordentlicher Professor für Mathematik, 1933 zwangsemeritiert unter Rektor Heidegger. Studierte Mathematik in Breslau, München, Berlin und Göttingen und wurde 1894 bei Ferdinand Lindemann in München promoviert. Habilitation 1897 in Freiburg. Mitglied der Leopoldina und der Heidelberger Akademie der Wissenschaften.

[4] V. Remmert, Das Mathematische Institut der Universität Freiburg (1900–1950), in: M. Toepell (ed), Mathematik im Wandel, Anregungen zum fächerübergreifenden Mathematikunterricht, Vol. 2, Hildesheim, Berlin 2001, 374–392.

[5] V. Remmert, Das Mathematische Institut der Universität Freiburg (1900–1950), in: M. Toepell (ed), Mathematik im Wandel, Anregungen zum fächerübergreifenden Mathematikunterricht, Vol. 2, Hildesheim, Berlin 2001, 374–392.

Durch diesen Zeitgeist geprägt, hat Görtler im Jahre 1936 eine Arbeit in der Zeitschrift „Deutsche Mathematik“[6] [72], [98] veröffentlicht, in der er schreibt:

> „Kamerad Kubach[7] hat in seinem Aufruf 'Studenten, in Front!' das ausgesprochen, was aus den Reihen unsere Kameraden mit wohl weniger Erkenntnis ihres Wollens im einzelnen als gesundem Gefühl für das gerade Gewachsene immer wieder zum Ausdruck kam. Der bezeichnete Mangel an Klarheit im einzelen war aber gewiss unwesentlich gegenüber der einen Tatsache, dass diese Kameraden alle spürten: Hier ruft ein Wollen zur Tat, hier wartet eine Aufgabe, der jeder nach seinen Kräften vorbehaltlos zu dienen hat..... Daseinsrecht hat insbesondere die Mathematik dann, wenn sie kraftvoller Ausdruck nordisch-deutschen Geistes ist. Daseinsrecht hat mathematisches Denken dann nicht, wenn es einer uns fremden und entgegengesetzten Geisteshaltung entspringt, der wir nur unter Aufgabe des uns Eigenen folgen können. An erster Stelle steht somit, wie dies schon mehrfach ausgesprochen wurde, die Frage nach den Merkmalen Deutscher Mathematik, d.h. nach dem uns arteigenen Stilgesetz mathematischen Denkens in Problemstellung, -wertung und -lösung. Was ist in der Mathematik in seiner Artgebundenheit Ausdruck rassischen Stils, was dagegen artunabhängig bloße Eigenschaft?....Denjenigen unter den älteren, bei denen nicht jedes blutmäßige Fühlen aus dem Denkprozess ausgeschaltet ist, werden uns bei der großen Arbeit der Klärung die Hand reichen. Auf die übrigen, geistig emigrierten können wir verzichten...Neben den recht vielgestaltigen Vorschlägen, die bereits in dieser Zeitschrift gemacht wurden, sei hier auf die Behandlung von Fragen der mathematischen Erblehre in Arbeitsgemeinschaften hingewiesen,...“

Die vollständige Arbeit [72] findet man im Abschnitt „Dokumente“, 8.3. Man beachte, dass die Zeitschrift „Deutsche Mathematik“ eine Zeitschrift zur Veröffentlichung neuer mathematischer Resultate war. Trotzdem erschien Görtlers „politische Arbeit“ in dieser Zeitschrift.

Mit dieser Arbeit hat Görtler sich den damaligen Zeitgeist der Nationalsozialisten zu eigen gemacht. Dies ist insofern besonders interessant, als der Physiker G. Jaffé, den er als seinen eigentlichen Doktorvater (siehe den obigen Nachruf von Wit-

---

[6] Die sinnfälligste Wirkung der Konzeptionen zur Begründung einer artverbundenen Mathematik findet sich in der Zeitschrift Deutsche Mathematik (DM). Diese Zweimonatsschrift erschien erstmals im Januar 1936 und wurde im siebten Jahrgang (1942/44) mit Heft 4/6 (April 1944) eingestellt. Die Zeitschrift wurde im Auftrag der Deutschen Forschungsgemeinschaft von Theodor Vahlen (1869–1945) herausgegeben. Die verantwortliche Schriftleitung übernahm Ludwig Bieberbach. Herausgeber: Ludwig Bieberbach, Theodor Vahlen, Oswald Teichmüller, Erhard Tornier, Wilhelm Süss, Gustav Doetsch, Max Steck. Vahlen war „alter Kämpfer“. Er bekannte sich schon 1923 zum Nationalsozialismus, wurde im April 1924 Gauleiter von Pommern und Mitglied des Reichstags. Seit 1911 ordentlicher Professor an der Universität Greifswald, wurde er mit seiner Rede zur Übernahme des Rektorats 1923/24 am 15.05.1923 über Wert und Wesen der Mathematik zum Vorkämpfer einer rassisch begründeten Mathematik.

[7] Zitat aus Wikipedia: Fritz Kubach (* 21. Mai 1912 in Heidelberg; † 1945 vermisst) war ein deutscher Naturwissenschaftler und Wissenschaftshistoriker, Herausgeber der ersten Münchner Kopernikus-Gesamtausgabe sowie nationalsozialistischer Wissenschaftspolitiker. Von 1934 bis 1936 ist er Hauptamtsleiter für Wissenschaft in der Heidelberger Studentenschaft und stellvertretender Gaustudentenführer in Baden, führendes Mitglied der Reichsstudentenführung. Seit 1935 war er ehrenamtlicher Mitarbeiter des SD. In den Jahren 1944/45 war Kubach Stabsführer des Nationalsozialistischen Deutschen Dozentenbundes.

ting) bezeichnete, erzwungenerweise emigrieren musste. An der Universität Gießen konnte Jaffé nur sechs Jahre lang arbeiten. Er war jüdischer Abstammung. Nach der Machtübernahme 1933 durch die Nationalsozialisten hätte er wegen seiner beträchtlichen militärischen Verdienste im Ersten Weltkrieg zwar Anspruch auf eine Sonderstellung gehabt, doch wurde ihm bald vom Kanzler der Universität nahegelegt, den Beginn seiner Vorlesungen hinauszuschieben. Am 06.09.1933 wurde ihm vom Hessischen Staatsministerium die Entlassung mitgeteilt, die 1934 in eine Zwangsemeritierung abgemildert wurde. Im Jahr 1938 erklärte er dann nach Aufforderung seinen Austritt aus der Deutschen Physikalischen Gesellschaft. Im Jahr 1939 emigrierte er in die USA, wo er ab 1946 Full Professor an der Louisiana State University war. Man beachte, dass Görtler die oben genannte Arbeit 1936 geschrieben hat und auch im Jahre 1936 promoviert hat, also kurz nachdem Jaffé zwangsemeritiert wurde und Görtler das wohl auch aus nächster Nähe miterlebt hat.[8]

Diese Arbeit in der „Deutschen Mathematik" hat für Görtler später bei der Entnazifizierung einige Probleme gemacht. Alle hatten zu diesem Zweck einen Fragebogen auszufüllen, auch Görtler (siehe Abschn. 8.6). In diesem Fragebogen hat er die Arbeit [72] nicht erwähnt und wurde (wohl) daher suspendiert. Mithilfe von Süss,[9] einer erneuten Stellungnahme zu seiner umstrittenen Arbeit (siehe Abschn. 5) und Briefen von Prandtl konnte er aber später dieses Problem aus der Welt schaffen (siehe Abschn. 8.7).

Auch andere Mathematiker der Universität Freiburg standen damals unter dem Einfluss des Nationalsozialismus z. B. Doetsch,[10] Gericke und Süss [107].

Weitere Ausführungen zu Doetsch und Süss und zum Verhältnis der Mathematik und Mathematiker zum Nationalsozialismus findet man u. a. in den Arbeiten von Volker Remmert [83], [106], auf die ich mich im folgenden Abschnitt beziehe.

2.2 Die Deutsche Mathematik

Die oben zitierten Äußerungen Görtlers in der Zeitschrift „Deutsche Mathematik" über jüdische Mathematiker muss man im Zusammenhang des damals sich neu entwickelnden Zeitgeists sehen, der geprägt war von Hitlers Vorstellungen von Wissenschaft [89]:

[8] Quelle: Wikipedia.

[9] Süss: Ordentlicher Professor für Mathematik an der Universität Freiburg; 1940–45 Rektor der Universität Freiburg; Mai–Dezember 1945 suspendiert; 1958 erneut zum Rektor der Universität Freiburg gewählt. Süss war vor allem als Wissenschaftsorganisator wirkungsvoll, weniger als Mathematiker. Von 1938 bis 1945 war er Vorsitzender der DMV. Gründete 1944 das „Reichsinstitut für Mathematik" in Oberwolfach, das jetzige Mathematische Forschungsinstitut Oberwolfach, dessen Leiter er bis 1958 war. Gründete die heutige Abteilung für Didaktik der Mathematik an der Universität Freiburg. War als Rektor der Universität Freiburg und als Präsident der Deutschen Mathematiker-Vereinigung in herausragender Stellung tätig [111], [112].

[10] Gustav Doetsch, 1892–1977, bekannt wegen der Entwicklung der Laplace-Transformation.

„Wissenschaft, einst unseres Volkes grösster Stolz, wird heute gelehrt durch Hebräer, denen im günstigsten Fall diese Wissenschaft nur Mittel ist zu ihrem eigenen Zweck, zum häufigsten aber Mittel zur bewußten planmäßigen Vergiftung unserer Volksseele und dadurch zur Herbeiführung des inneren Zusammenbruches unseres Volkes."

Süss war Mitherausgeber der „Deutschen Mathematik" von 1936 bis 1940. Die Zeitschrift galt als Sprachrohr der nationalsozialistischen Mathematiker [107]. Süss war Mitglied der NSDAP und hatte gute Beziehungen zum Minister für Erziehung und Forschung. So diskutierte Süss 1938 als Präsident der DMV mit einem Vertreter des Büros für wissenschaftliche Angelegenheiten der Regierung, wie man mit den jüdischen und immigrierten Mitgliedern der DMV umgehen solle und wie man den Einfluss jüdischer Mathematiker beim Publizieren einschränken könnte. Süss verfolgte dabei folgendes Konzept (siehe [107]):

„Wenn wir uns über zweifelhafte Immigranten Klarheit verschaffen wollen, ist das Ministerium bereit, auf Anfrage den jeweiligen Vorsitzenden [der DMV] vertraulich Auskunft zu geben, aus der zu ersehen ist, ob ein Immigrant als Mitglied tragbar ist oder nicht. Das Ausscheiden der Immigranten dieser Art muss vorsichtig oder gar nicht bekannt gegeben werden. Wie man es ihnen selbst mitteilt, wäre zu überlegen. Mitteilungen über den Verbleib von Juden und Immigranten, z.B. auch Adressänderungen, möchte ich raten, nicht mehr im Jahresbericht bekannt zu geben. Weder ihr Mitgliedsein noch ihr Ausscheiden soll irgendwie Aufsehen erregen. Dies möchte ich anraten als Richtschnur unseres Handelns. Dass wir passende Gelegenheiten wahrnehmen, um unsere jüdischen und von den Immigranten die unliebsamen Mitglieder möglichst bald los zu werden, darin sind wir wohl alle einig."

Es wurde auch Druck auf den Springer-Verlag ausgeübt, um jüdische Mathematiker als Herausgeber von mathematischen Zeitschriften nicht mehr zu akzeptieren, wie durch folgendes Zitat von Süss belegt wird (siehe [107]):

„Wenn die DMV alle deutschen mathematischen Interessen vertreten will, so könnte sie auch eine gewisse Einflussnahme auf ungünstige Verhältnisse bei Zeitschriften beanspruchen. Trotzdem habe ich als Privatmann nur erneut auf die Lage bei den Redaktionen der Mathematischen Zeitschrift und der Mathematischen Annalen hingewiesen. Das Ministerium hat zugesagt, auf den Verlag einen Druck dahin auszuüben, dass die Autoren nicht mehr in die Lage versetzt werden, mit jüdischen Redakteuren verhandeln zu müssen. Mir selbst schien der Gesichtspunkt wichtiger, das deutsche Zeitschriften sich heute nicht durch Juden präsentieren lassen dürfen. Ich hoffe, verstanden worden zu sein."

Gegenüber Dames, einem für die Mathematik verantwortlichen Regierungsvertreter, sagte Süss: „Für Sie wiederhole ich hier nur meine Bitte, den Verlag zu veranlassen, aus der Redaktion der Mathematischen Zeitschrift Professor Issai Schur zu entfernen [107]."

Am 18.11.1938 sagte Süss zu seinem Kollegen Sperner[11] [107]:

[11] Emanuel Sperner, 1905–1980.

„Der Zufall wollte es, dass ich mit dem hiesigen Kreisleiter, der selbst promovierter Mathematiker ist, heute auf wissenschaftspolitische Dinge zu sprechen kam. Er zeigte für unser bisheriges Verhalten vollstes Verständnis, meinte aber auch, dass man nach der Verfügung von Goebbels über die Ausschaltung der Juden aus unserem Kulturleben auch keine Juden mehr in wissenschaftlichen Gesellschaften dulden dürfe. Ich glaube also, dass wir in allernächster Zeit alle heutigen und ehemaligen deutschen Juden als Mitglieder streichen müssen."

Tatsächlich hatte im Januar 1939 das Ministerium für Erziehung und Forschung verfügt, dass Nichtarier, die in Deutschland leben, generell von der Mitgliedschaft in wissenschaftlichen Gesellschaften auszuschließen sind.

Am 10.12.1938 sagte Süss zu den Kollegen Hasse[12], Müller[13] und Sperner [107]:

„Ich sagte, dass wir schon seit einiger Zeit die Ausschaltung aller deutschen Juden aus unserer Vereinigung vorbereiteten, nachdem die früher mit dem Ministerium getroffenen Abmachungen über ein allmähliches Ausschalten der jüdischen Mitglieder inzwischen durch die neu eingetretene Lage uns überholt schien. Mit dem hiesigen Kreisleiter, Dr. Fritsch, habe ich verabredet, dass er die Prüfung der Frage, wer von den Mitgliedern im Inland, bei denen es uns zweifelhaft war, Jude sei, auf dem Parteiwege vornehmen wolle. Eine Adressenliste der in Frage kommenden Mitglieder, habe ich ihm ausgehändigt. Wenn wir einer Aufforderung des Ministeriums zuvorkommen wollen, müssen wir nun rasch handeln."

Nach dem Krieg wurde Süss durch die Entnazifizierungskommission für zwei Monate im Sommer 1945 suspendiert. Zu seiner Entlastung gab es u. a. folgenden Entlastungsbrief [107]:

„Viele lokale Faktoren müssen berücksichtigt werden, um diesen auffälligen Unterschied zwischen ihren jeweiligen Fällen (die Fälle Süss und Doetsch) während des Entnazifizierungsprozesses zu erklären. Abgesehen von den vielen guten Taten, die Süss nach dem Krieg zugeschrieben wurden, war es ihm besonders wichtig, dass seine Zusammenarbeit mit den Nazis, ..., weder in Freiburg noch innerhalb der deutschen mathematischen Gemeinschaft allgemein bekannt war. In jedem Fall, die meisten von denen, die möglicherweise über diese Dinge Bescheid wussten, hatten kein Interesse daran, diese Dinge bekannt werden zu lassen, sei es, dass sie beteiligt waren wie Hasse und Sperner, oder überzeugt von Süss Integrität, wie viele Kollegen in Freiburg und in der mathematischen Gemeinschaft im Allgemeinen, oder dankbar wie Heinrich Behnke und Erich Kamke, die beide von Süss unterstützt worden waren beim Schutz ihrer Familien gegen die Nazi-Rassenpolitik, oder dass sie einfach nur Süss' politischen Wert sahen, wie diejenigen, die das Schicksal von Oberwolfach mit dem von Süss verbunden sahen."

Bereits im August 1945 hat Süss einen Vorschlag für eine zukünftige Zusammenarbeit mit französischen Mathematikern der Militärregierung unterbreitet. Konkret wurde die deutsch-französische Zusammenarbeit dann 1946 in Oberwolfach. Henry Cartan war einer der ersten französischen Mathematiker, die nach dem Krieg wieder den Kontakt mit deutschen Mathematikern gesucht hatten [119].

[12] Helmut Hasse, 1898–1979.
[13] Conrad Müller, 1878–1953.

2.3 Die Deutsche Physik

In der Physik war die Situation nicht viel anders als in der Mathematik und dies wird deutlich an einem Passus aus dem Vorwort von Lenards[14] Buch „Deutsche Physik“ von 1936. Dort heißt es [96]:

> „Deutsche Physik? wird man fragen. Ich hätte auch arische Physik oder Physik der nordisch gearteten Menschen sagen können, Physik der Wirklichkeits-Ergründer, der Wahrheits-Suchenden, Physik derjenigen, die Naturforschung begründet haben. – ‚Die Wissenschaft ist und bleibt international!‘ wird man mir einwenden wollen. Dem liegt aber immer ein Irrtum zugrunde. In Wirklichkeit ist die Wissenschaft, wie alles was Menschen hervorbringen, rassisch, blutsmäßig bedingt.... Naturforschung... hat kein Volk überhaupt je begonnen, ohne auf dem Nährboden schon vorhandener Eigenschaften von Ariern zu fußen. “

Die Relativitätstheorie und die Quantentheorie galten als „Neue Physik“ und wurden von Philipp Lenard abgelehnt.[15] Die Kritik der deutschen Physik richtete sich auch gegen die bahnbrechenden Resultate Albert Einsteins, der dafür 1921 den Nobelpreis erhielt.

> „Von mathematischer Seite erhielt die Deutsche Physik Schützenhilfe durch Theodor Vahlen, der sich an einer mathematischen Widerlegung der speziellen Relativitätstheorie versuchte [98]. Die politikkonforme Haltung Lenards hat dazu geführt, dass er Berater von Kulturminister Bernhard Rust wurde. Allerdings waren nach 1940 die Vertreter der deutschen Physik Lenards vorsichtig in der Beurteilung der modernen Physik geworden, dass die moderne Physik wichtige militärrelevante Ergebnisse liefern könnte.“

Die jüdischen Physiker hatten einen schweren Stand im Nazideutschland. In einem persönlichen Gespräch im Frühjahr 1933 hat Max Planck versucht, Hitler zu erklären, dass auch die jüdischen Physiker wichtig sind für Deutschland. Im Mai 1947 hat Max Planck einen Protokollbericht über das Gespräch mit Hitler an die „Physikalischen Blätter“ geschickt [88] [117]:

> „Nach der Machtergreifung durch Hitler hatte ich als Präsident der Kaiser-Wilhelm-Gesellschaft die Aufgabe dem Führer meine Aufwartung zu machen. Ich glaubte, diese Gelegenheit benutzen zu sollen, ein Wort für meinen jüdischen Kollegen Fritz Haber einzulegen, ohne dessen Verfahren zur Gewinnung des Ammoniaks aus dem Stickstoff der Luft der vorige Krieg von Anfang an verloren gewesen wäre. Hitler antwortete mir wörtlich: „Gegen die Juden an sich habe ich gar nichts. Aber die Juden sind alle Kommunisten, und diese sind meine Feinde, gegen sie geht mein Kampf.“ Auf meine Bemerkung, dass es doch verschiedenartige Juden gäbe, für die Menschheit wertvolle und wertlose, unter ersteren alte Familien mit bester deutscher Kultur, und dass man doch Unterschiede machen müsse, erwiderte er: „Das ist nicht richtig. Jud ist Jud; alle Juden hängen wie die Kletten zusammen. Wo ein Jude ist, sammeln sich sofort andere Juden aller Art an. Es wäre die Aufgabe der Juden selber gewesen, ein Trennungsstrich zwischen den verschiedenen Arten zu ziehen. Das haben sie nicht getan, deshalb muss ich gegen alle Juden gleichmäßig vor-

[14] Physiker, Nobelpreisträger.
[15] Philipp Lenard, 1862–1947.

gehen." Auf meine Bemerkung, dass dies aber geradezu eine Selbstverstümmelung wäre, wenn man wertvolle Juden nötigen würde auszuwandern, weil wir ihre wissenschaftliche Arbeit nötig brauchen und diese sonst in erster Linie dem Ausland zu Gute komme, ließ er sich nicht weiter ein, erging sich in allgemeinen Redensarten und endete schließlich: „Man sagt, ich leide gelegentlich an Nervenschwäche. Das ist eine Verleumdung. Ich habe Nerven wie Stahl." Dabei schlug er sich kräftig auf das Knie, sprach immer schneller und schaukelte sich in eine solche Wut hinauf, dass mir nichts anderes übrig blieb, als zu verstummen und mich zu verabschieden."

Eine von der Vertreibung der jüdischen Physiker aus Deutschland betroffene Physikerin war Lise Meitner. Sie musste 1938 Deutschland verlassen. Im Jahr 1939 ist ihr klar geworden, dass durch geeigneten Beschuss von Uran mit Neutronen eine Kernspaltung initiiert werden kann und dabei Energie freigesetzt wird, und sie hat darüber publiziert. Die experimentellen Arbeiten dazu hat Otto Hahn in Deutschland weitergeführt. In seiner Umgebung arbeitete auch Carl Friedrich von Weizsäcker, der die Kernspaltung auch gleich durchschaut hatte und Patente für den Bau von Plutoniumbomben angemeldet hatte [85].

3 Die Zeit 1937–1945

Wie oben in dem Lebenslauf von Görtler erwähnt, wechselte Görtler 1937 an das Kaiser-Wilhelm-Institut (KWI) für Strömungsforschung in Göttingen. Aus der Kaiser-Wilhelm-Gesellschaft ging nach dem Krieg die Max-Planck-Gesellschaft hervor. Das Kaiser-Wilhelm-Institut für Strömungsforschung wurde auf Initiative von Ludwig Prandtl[1] 1925 eingerichtet und Prandtl leitete es von 1925–1946. Im Jahr 1942 wurde er Vorsitzender der Reichsstelle Forschungsführung des Reichsluftfahrtministers und Oberbefehlshabers der Luftwaffe [94], die Hermann Göring unterstellt war. Gleichzeitig wurde auch die Aerodynamische Versuchsanstalt (AVA) gegründet.

> „Many engineers and scientists who later worked for the major aircraft builders received their education at Prandtl's institute...As late as August 1939, with the possibility of war looming on the horizon, Prandtl emphasized in another letter that Germany had done a great deal for the keeping of peace and only wanted to eliminate the „remnants of the Treaty of Versailles". He mentioned not a single word about the fact that by then, he himself had been involved for several years in the preparations of research conducted for possible warfare." [83]

Bevor ich auf die Tätigkeiten von Görtler am KWI eingehe, möchte ich auf die Zusammenarbeit von Luftfahrt und Mathematik nach dem ersten Weltkrieg eingehen und die allgemeine Situation am KWI während der Zeit 1937–1944 beschreiben.

[1] Ludwig Prandtl, 1875–1953.

D. Kröner, *Der angewandte Mathematiker Henry Görtler: Sein Leben vor und nach 1945*,
https://doi.org/10.1007/978-3-662-71930-5_3

3.1 Mathematik und Kriegsforschung [83]

Eine gute Beschreibung des Zusammenhangs zwischen Kriegsforschung und Mathematik in der Zeit vor dem zweiten Weltkrieg findet man in [83]:

> „Aerodynamics, the scientific basis of aviation, represents one of the most significant successes in the mathematization of the technological sciences in the twentieth century. At the same time, ballistic problems concerning projectiles and missiles, in the air and under water, were tackled with the help of mathematical methods on an increasingly larger scale. During World War II, new coding and decoding projects required mathematical support.
>
> As in many other scientific and technological fields, research institutes outside the university system were founded with state, military, and industrial participation. Mathematicians either significantly shaped, or even entirely supported these institutes."

Eines dieser Institute war das KWI. In [83] heißt es weiter:

> „These twin institutes (KWI and AVA) became key institutes of the Kaiser-Wilhelm-Society (Kaiser-Wilhelm-Gesellschaft, KWG) in the technological sciences. They expanded greatly during the period of National Socialism while slowly being subordinated under the increasing influence of the Reich Ministry of Aviation (Reichsluftfahrtministerium, RLM)."

Der Übersichtsartikel von Epple [84] gibt einen sehr detaillierten und eindrucksvollen Einblick in die Situation am KWI, die wir im folgenden Abschnitt grob beschreiben werden.

3.2 Die allgemeine Situation am KWI für Strömungsforschung

In dem Übersichtsartikel von Epple [84] ist zu lesen:

> „Zunächst ist daran zu erinnern, daß in der Mentalität der zentralen Akteure, soweit sie uns bekannt ist, wenig für einen offenen Widerstand gegen die Ziele des NS-Staates sprach. Einige wohlbekannte Tatsachen über Prandtls Haltung nach dem Machtwechsel von 1933 können dies verdeutlichen. Herbert Mehrtens hat darauf hingewiesen, daß Prandtl wie der damalige KWG-Präsident Max Planck (Kaiser-Wilhelm-Gesellschaft)[2] zu jenen Wissenschaftlern gehörte, die sich zwar einerseits für ihre jüdischen Fachkollegen einsetzten, andererseits aber nicht bereit waren, dafür ernsthafte Schwierigkeiten für ihre Profession in Kauf zu nehmen. So bemühte Prandtl in einem Schreiben vom 27.04.1933 an den damaligen Innenminister Wilhelm Frick, den Prandtl kurz vorher kennengelernt hatte, die höchst zweischneidige Unterscheidung zwischen ‚wertvollen' und ‚wertlosen' Juden und eine offen rassistisch Sprache. Bei der Behandlung der sog. „Halbjuden und Vierteljuden" in der Wissenschaft (von denen letztere doch immerhin auch „Dreivierteldeutsche" seien) war laut Prandtl „zu verhüten, daß solche Fälle, wo aus Anlaß des Vorhandenseins eines jüdischen Einschlags soviel bestes Deutschtum vernichtend geschlagen wird, nach einem starren Schema behandelt werden, das von Rassetheoretikern ersonnen wurde, ohne die praktischen Konsequenzen vorherzusehen. […] die Gefährlichkeit des jüdischen Bevölkerungsteils liegt

[2] Max Planck, 1958–1947.

in seiner Geschlossenheit und in dem unheimlichen Zusammenhalten [...]. Von meinem Standpunkt aus erlaube ich mir dazu zu bemerken, daß nach meinen sehr zahlreichen Feststellungen aus der Vermischung von deutschem und jüdischem Blut ungewöhnlich viele hochbegabte Menschen hervorgehen, die für uns höchst wertvoll sind, sobald es gelingt, sie vom jüdischem Blut innerlich zu lösen. Prandtl akzeptierte schnell, daß derartige Interventionen nutzlos waren. Als er in den Jahren 1934 und 1935 die AVA (Aerodynamische Versuchsanstalt) durch die Fallstricke der Affäre um seinen Mitarbeiter Nikuradse[3] steuerte, nutzte er, gestützt auf das Vertrauen in die eigene Unverzichtbarkeit, geschickt die Handlungsmöglichkeiten im neuen Staat. Bezeichnend ist auch sein Verhalten im Verlauf der „Gleichschaltung" der Gesellschaft für angewandte Mathematik und Mechanik (GAMM), der professionellen Vereinigung der Aerodynamiker und technischen Mechaniker, deren Vorsitzender Prandtl seit ihrer Gründung im Jahr 1922 war. Im Sommer 1933 boten die beiden anderen Vorstandsmitglieder, Richard von Mises und Hans Reißner, an, aufgrund ihrer jüdischen Abstammung „freiwillig" zurückzutreten. Prandtl gedachte zunächst, sich diesem Rücktritt anzuschließen, und bat den Dresdner Mechaniker Erich Trefftz, den Vorsitz in Zukunft zu übernehmen. Trefftz reagierte darauf mit klaren Worten: „Wenn wir jüdische Mitglieder ausschließen müssen, würde ich Auflösung für das würdigste halten." Diese Option stieß jedoch auf den entschiedenen Widerstand Prandtls. Die „Notwendigkeit unseres Faches" erfordere es, die GAMM weiter zu erhalten, „selbst wenn der Ausschluß von jüdischen Mitgliedern verlangt werden sollte". Als Richard von Mises im September 1933 schließlich offiziell von seiner Position als Geschäftsführer der GAMM zurücktrat, drückte Prandtl diesem gegenüber zwar sein Bedauern aus, aber er fand sich auch ohne Schwierigkeiten mit der neuen Situation ab, die seine eigene Bedeutung innerhalb der GAMM eher vergrößerte als verringerte. Im Jahr 1938 stand dann ein Anschluß der GAMM an den Verein Deutscher Ingenieure (VDI) zur Diskussion, der den Ausschluß der verbliebenen jüdischen Mitglieder zur Folge gehabt hätte. In dieser Situation vermied Prandtl, der vor allem um die internationalen Kontakte der GAMM fürchtete, entsprechende Schritte. Trotzdem wurden mit seiner ausdrücklichen Zustimmung ab diesem Zeitpunkt jüdische Mitglieder, die mit ihren Beiträgen im Rückstand waren, vom Vorstand der GAMM stillschweigend aus den Mitgliederlisten gestrichen.

Sprechen diese Ereignisse für Prandtls Bereitschaft zum Arrangement mit den neuen Verhältnissen, so zeigt ein Briefwechsel mit dem führenden britischen Aerodynamiker Geoffrey Ingram Taylor, auf den bereits Cordula Tollmien hingewiesen hat, daß er den NS-Staat auch zu verteidigen bereit war. Prandtl und Taylor waren auf dem Internationalen Mechanik-Kongreß 1938 in Cambridge, Massachusetts, über die Politik des NS-Staates aneinandergeraten. Prandtls befürwortende Stellungnahme als angesehenster deutscher Aerodynamiker erregte dort offenbar einiges Aufsehen. Im Anschluß an diese Kontroverse suchte Prandtl Taylor im Oktober 1938 brieflich davon zu überzeugen, daß Hitler sich zwar „eine Million Menschen in Deutschland zu erbitterten Feinden gemacht [habe], aber dafür achtzig Millionen zu treuesten und begeisterten Anhängern. Der Kampf, den Deutschland gegen die Juden (und deren Komplott mit Freimaurern und Kommunisten) habe führen müssen, sei zu seiner Selbsterhaltung notwendig gewesen. Prandtl lud Taylor nach Deutschland ein, um sich mit eigenen Augen „davon zu überzeugen, daß wir hier doch sehr gut regiert werden." Noch im August 1939, als sich die Möglichkeit eines Krieges bereits abzeichnete, betonte Prandtl in einem weiteren Brief an Frau Taylor, daß Deutschland viel für den Frieden getan habe und nur „die letzten Reste des Vertrages von Versailles" beseitigen wolle. Schon wenige Monate später war Prandtl dabei, das Forschungsprogramm seines Instituts ganz auf die Kriegslage

[3] Nikuradse, Mitarbeiter von Prandtl, war Georgier und ein rassefremder Ausländer mit jüdischem Aussehen. Dies hat einige Mitarbeiter der nationalsozialistischen Betriebszelle empört. Da Nikuradse gute Kontakte zur SS und NSDAP hatte, konnte er den Spiess umdrehen, was schliesslich dazu führte, dass sechs dieser Mitarbeiter entlassen worden sind [81].

auszurichten. Offenbar hielt er seinen Staat auch unter diesen Bedingungen noch für verteidigenswert. Bedenkt man die Unterstützung und die Möglichkeiten, die seiner Disziplin eingeräumt wurden, ist das nicht allzu überraschend."

In [97] heißt es:

„An dieser Umarbeitung des Forschungsprogramms unmittelbar nach Kriegsbeginn ist erkennbar, wie die theoretischen Kompetenzen des Instituts umgeleitet wurden. Insbesondere verlagerte der wichtigste Mitarbeiter im Bereich der Turbulenzuntersuchungen, Reichardt, seine Aktivitäten von allgemein theoretischen Bemühungen zu der konkreten Frage des laminar-turbulenten Umschlags und zur Entwicklung apparativer Techniken: dem Bau turbulenzarmer Windkanäle und der Konstruktion von Turbulenzmeßgeräten. Damit betrafen beide Projekte freilich auch wichtige apparative Voraussetzungen für das allgemeine Studium von Turbulenzphänomenen.

Die Forschungsaufträge, die am KWI für Strömungsforschung im ersten Kriegsjahr für die AVA durchgeführt wurden, waren teils von unmittelbarer rüstungstechnologischer Bedeutung, teils ebenfalls auf die Verbesserung notwendiger apparativer Techniken ausgerichtet. So wurden u. a. an der gut mit Meßinstrumenten ausgestatteten „Überschallstrecke" des KWI für Strömungsforschung ballistische Messungen vorgenommen; ein weiteres Vorhaben betraf die Verbesserung des Diffusors für Hochgeschwindigkeits-Windkanäle und die Untersuchung von darin auftretenden Kondensations- und Vereisungsphänomenen. Im Lauf der Kriegsjahre gewannen zwei weitere Themenbereiche zunehmend Gewicht in den Forschungsaufträgen des RLM für das KWI für Strömungsforschung: die Aerodynamik kompressibler Medien bei hohen Geschwindigkeiten (Gasdynamik) und Kavitation. Erste Ansätze eigener gasdynamischer Arbeiten finden sich 1941, dabei ging es zunächst wieder um die Vorgänge in Windkanälen (verantwortlicher Mitarbeiter war Oswatitsch). Spätestens 1943 war die Untersuchung von Hochgeschwindigkeitsfragen einer der Schwerpunkte des Instituts..."

Offenbar war das KWI auch an der Vorbereitung des Einsatzes von Giftgas beteiligt, denn an anderer Stelle heißt es in [97]:

„In der Übersicht über die Kriegsaufträge tauchte beiläufig die Bemerkung auf, das KWI für Strömungsforschung habe im Januar 1943 gelegentlich das Marine-Observatorium Greifswald in Fragen der Nebelauflösung beraten. Als die Berichterstatter der Alliierten nach Kriegsende durch Deutschland reisten, erfuhren sie, dass es sich dabei in Wirklichkeit um den Beginn experimenteller Untersuchungen zur Vorbereitung des Einsatzes von Giftgas auf See handelte. In der Versuchsstation für chemische Kriegsführung in Raubkammer bei Munster fanden sich mehrere Geheimberichte, die sich mit dem Problem der atmosphärischen Diffusion von Rauch- und Gaswolken befassten und in denen Experimente am KWI für Strömungsforschung erwähnt wurden. Einer dieser Berichte stammte von dem in Greifswald tätigen Mathematiker Wolfgang Krull, der anscheinend der Initiator der am KWI für Strömungsforschung durchgeführten Experimente war. Dort war Karl Wieghardt verantwortlich. Prandtl wusste von den Versuchen, aufgrund der vorliegenden Informationen kann aber nicht entschieden werden, ob er persönlich beteiligt war. Die Versuche dauern mindestens bis ins Jahr 1944."

Die meisten Forschungsgelder des KWI kamen aus der Industrie und den Ministerien [83]:

> „As in the case of Prandtl's institute, the extent of contracts for armaments-related research for industries and companies increased to such a degree that there was little room left for other kinds of research."

Dass Prandtl auch schon 1926 Verbindung zur Kriegsforschung hatte, zeigt ein Brief vom 20.10.1926 von E.N. Faies aus Dayton (Ohio) an Prandtl über „photographs of the flow at the surface of a cylinder". Der Brief trägt den Absender „War Department AIR SERVICE Engineering DIVISION" (siehe auch Abschn. 8.9[4]).

Aus der folgenden Liste ergeben sich die Aufgabenstellungen am KWI für Strömungsforschung und die Einbindung von Görtler in diese Arbeit [81].

In seinem Antrag auf Forschungsmittel für das Rechnungsjahr 1940 listete Prandtl dem Luftfahrtministerium folgende an seinem KWI geplanten bzw. bereits in Arbeit befindlichen Vorhaben auf:[5]

> I. Bau von neuen Forschungseinrichtungen:
>   a) Windkanal mit Zubehör [...]
>   b) Ergänzungseinrichtung zum Rauhigkeitskanal. [...]
>
> II. Forschungs- und Entwicklungsarbeiten.
>   a) Die [...] Untersuchungen über turbulente Schwankungen sind, wie schon erwähnt, vorerst als nicht kriegswichtig abgesetzt. Dafür ist eine neue Aufgabe aufgetreten [...]. Es handelt sich um die Frage des laminar-turbulenten Umschlags, wofür einerseits an einem noch zu beschaffenden kleinen turbulenzarmen Versuchskanal der Einfluss von Beschleunigung und Verzögerung sowie der von künstlich hereingebrachter Turbulenz auf den Umschlag studiert werden soll, ferner auch am Rauhigkeitskanal in größeren Abmessungen die Einzelheiten der Vorgänge beim laminar-turbulenten Umschlag studiert werden sollen. Mit den in gleicher Richtung zielenden Arbeiten der AVA Göttingen werden wir dabei Fühlung halten. Bearbeiter ist in der Hauptsache Dr. Reichardt, in Einzelfragen auch Dr.-Ing. Schultz-Grunow und der Unterzeichnete. [...]
>   b) Eine neu aufgenommene Sonderaufgabe betrifft die Entwicklung von Turbulenzmessgeräten, hauptsächlich zur Bestimmung der Turbulenzstärke in Windkanälen. Derartige Messmethoden sind in Amerika entwickelt worden und haben ihre Wichtigkeit bei der Frage des laminar-turbulenten Umschlags erwiesen, von dem sowohl der kleinste Widerstand wie auch der Maximalauftrieb der Tragflügel abhängt. Unser Institut hat es daher unternommen, ähnliche Messgeräte, die auf dem Hitzdrahtprinzip in Verbindung mit geeigneten Verstärkerschaltungen beruhen, für die deutschen Windkanalbenutzer zu entwickeln. Bearbeiter ist Dr. Reichardt mit Dipl.-Ing. Biedenkopf. [...]
>   c) Theoretische Forschungen [...] Arbeiten, die Dr. Görtler durchführen soll, [sollen] vorwärts getrieben werden. Diese befassen sich z. T. auch mit der Frage des laminarturbulenten Umschlags, z. T. mit den Gesetzen der Luftströmung im Schallgeschwindigkeitsgebiet. [...]

---

[4] Archiv der Max-Planck-Gesellschaft, Berlin, I-044-0542.

[5] Prandtl an das RLM, 25.05.1940. AMPG, Abt. I, Rep. 44, Nr. 45.

Wie oben schon mehrfach erwähnt, wechselte Görtler 1937 an das KWI für Strömungsforschung.

3.3 Görtler am KWI für Strömungsforschung

Ein zentrales Thema der wissenschaftlichen Arbeit von Görtler war die Berechnung von laminaren Grenzschichten und die Berechnung des laminar-turbulenten Umschlags einer Strömung. Damit passte Görtler perfekt in das Forschungsprogramm von Prandtl. Das folgende Zitat trägt dazu bei, die Bedeutung dieser Frage zu der damaligen Zeit zu ermessen [82].

> „In retrospect, the frustrated efforts to cope with turbulence tend to be mystified if associated only with the names Kelvin, Rayleigh, Sommerfeld, Heisenberg, Feynman, and other outstanding theorists. Theodore von Kármán, for example, recalled in his autobiography that Arnold Sommerfeld, „the noted German theoretical physicist of the 1920s", once told him „that before he died he would like to understand two phenomena—quantum mechanics and turbulence." In von Kármán's opinion from the 1960s, Sommerfeld was „somewhat nearer to an understanding of the quantum, the discovery that led to modern physics, but no closer to the meaning of turbulence." This paper attempts to contextualize the experimental and theoretical investigations about boundary-layer instability in order to unearth the more practical concerns involved with these studies. I will start with a brief survey of instability theories in the wake of Rayleigh's pioneering efforts around 1880. With regard to boundary-layer flow, the climax was reached in the early 1930s with the so-called Tollmien-Schlichting theory—a theory which described the effect of the instability as an amplification of infinitesimal disturbances such that plane waves of certain wavelengths would emerge. However, according to the majority view, the onset of turbulence in boundary layers was induced by finite external disturbances rather than as a consequence of an intrinsic instability. Wind-tunnel tests provided support for this view: The transition from laminar to turbulent flow of test models in wind tunnels was found to depend on the degree of turbulence of the air stream. By reducing wind-tunnel turbulence the length of laminar flow along the chord of an airfoil could be increased. If airfoils could be shaped such that the boundary layer were laminar for the major part along the chord—such airfoils were called „laminar airfoils"—then the skin friction was reduced. Thus, by the late 1930s, low turbulence wind tunnels and laminar airfoils became subjects of research in aeronautical laboratories in many countries."

Auch in [82] wird die Bedeutung des Turbulenzumschlags für die Kriegsforschung noch mal deutlich:

> „Auch an der AVA war der Turbulenzumschlag bei Laminarflügeln Gegenstand besonderer Kriegsforschung. „Unter dem bei der Räumung Charkows" durch die Forschungführung sichergestellten Material befanden sich Messungen an zwei russischen Laminarprofilen, so begann der für diese Untersuchungen bei der AVA zuständige Bearbeiter im Oktober 1943 einen Bericht, indem diese Messungen anhand von eigenen Berechnungen kommentiert wurden. Es sei nicht bekannt ob noch bessere russische Profile existieren und welche russischen Flugzeuge mit derartigen Profilen ausgerüstet sind."

Noch deutlicher wird der militärische Aspekt dieser Forschung in [97] dargestellt. Ein zentrales Thema der wissenschaftlichen Arbeit von Görtler war die Berechnung von laminaren Grenzschichten und die Berechnung des laminar-turbulenten Umschlags einer Strömung. Das folgende Zitat trägt dazu bei, die Bedeutung dieser Frage zu der damaligen Zeit zu ermessen [82]. Epple beschreibt auch in [84], wie Görtler in die Arbeit des KWI für Strömungsforschung eingebunden war. Er schreibt [84]:

> „Im Herbst 1937 wurde an folgenden Themen für das Reichsluftfahrtministerium (RLM) gearbeitet, meist in Kooperation mit verwandten Projekten an der Aerodynamischen Versuchsanstalt (AVA): Berechnungsverfahren für das Verhalten der laminaren Grenzschicht. Leitende Bearbeiter am KWI für Strömungsforschung waren Ludwig Prandtl, Walter Tollmien und der junge Mathematiker Henry Görtler... Noch einmal dieselbe Summe beantragte Prandtl für die „Entwicklung von Turbulenzmeßgeräten, hauptsächlich zur Bestimmung der Turbulenzstärke in Windkanälen." Die vorgesehenen Bearbeiter waren Reichardt und Biedenkopf. Schließlich sollte der Mathematiker Görtler rechnerisch am laminarturbulenten Umschlag arbeiten (ferner an der transonischen Aerodynamik); hierfür wurde eine Summe von 6.000,– RM veranschlagt."

Hier sei eine Serie von Bemühungen herausgegriffen, die von Prandtl und seinem Mitarbeiter Henry Görtler verfolgt wurden. Auch dieses Projekt begann bereits vor dem Krieg. Die erste Erwähnung in den Forschungsberichten für das RLM findet sich im Herbst 1937, eingegliedert in ein umfassenderes, z. T. auch experimentelles Grenzschichtprojekt, an dem in der AVA hochkarätige Mitarbeiter beteiligt waren.[6]

In diesem Bericht heißt es weiter:

> „Es fehlt bisher an einer zuverlässigen Rechenmethode, die [im Fall zweidimensionaler Strömungen, M. E.] gestattet, die Weiterentwicklung einer Grenzschicht bei gegebenem Anfangsprofil und gegebenem Geschwindigkeitsverlauf außerhalb der Grenzschicht zu berechnen. Eine solche Methode, die mit numerischen und graphischen Verfahren arbeitet, soll aufgrund eines kürzlich aufgestellten Arbeitsplanes zur ‚Betriebsreife' entwickelt werden." Bereits vor Kriegsbeginn lag eine erste Version des Verfahrens fertig vor. Prandtl mußte jedoch eingestehen, daß es sich um eine zwar „praktisch brauchbare, allerdings ziemlich mühsame Methode" handelte. Die Rechnung lieferte insbesondere den sog. Ablösungspunkt und Verlauf der laminaren Grenzschicht bis an diese Stelle. Eine Beschreibung dieses Verfahrens durch Görtler wurde noch 1939 publiziert.
>
> Damit war das Vorhaben allerdings nicht abgeschlossen. Am KWI für Strömungsforschung wurden Experimente zur Überprüfung der Qualität der entwickelten Rechenmethode vorbereitet. Nach Kriegsbeginn wurde jedoch auch dieses Projekt „als zur Grundlagenforschung gehörig vorläufig abgesetzt". Görtler wurde in den folgenden Jahren mit der theoretischen Untersuchung des laminar- turbulenten Umschlags beauftragt. Aller Wahrscheinlichkeit nach handelte es sich dabei um kaum mehr als eine Umetikettierung der Görtlerschen Arbeit an der Numerik von Grenzschichtvorgängen. Im Jahr 1943 erzielte Görtler dann einen neuen Durchbruch in der Verbesserung seiner Rechentechnik, mehr oder weniger zeitgleich mit dem an der Deutschen Versuchsanstalt für Luftfahrt (DVL) in Berlin-Adlershof arbeitenden Mathematiker Kurt Schröder, der ebenfalls ein verbessertes Verfahren der Grenzschichtrechnung vorlegte. Den entscheidenden Punkt des verbesserten Verfahrens hob Prandtl später

[6] Walchner, Lotz, Ritz, Flügge und drei Doktoranden; Leiter des Gesamtprojekts war Betz, er war Nachfolger von Prandtl als Leiter der AVA. Er war ab 1925 stellvertretender Direktor der Aerodynamischen Versuchsanstalt (AVA) in Göttingen und ab 1937 deren Direktor. Nach dem Krieg wurde er Direktor des Nachfolgeinstituts des KWI für Strömungsforschung, d. h. des Max-Planck-Instituts für Strömungsforschung in Göttingen.

in einem Berichtsentwurf für die Alliierten hervor: Es ging um die „genäherte Ermittlung der exakten Lösung beliebiger ebener Grenzschichtströmungen mittels eines Rechenschemas, das von untergeordneten Hilfskräften durchgeführt werden kann." Gemeint waren hier insbesondere junge weibliche Rechenkräfte ohne mathematische Spezialausbildung, wie sie an der AVA und anderswo in beträchtlichem Umfang für numerische Aufgaben der Kriegsforschung eingesetzt wurden. Görtler schrieb gewissermaßen ein „Programm" für solche menschlichen „Computer" (so die englische Bezeichnung der auch in der Kriegsforschung anderer Staaten eingesetzten Rechnerinnen).

Die Bedeutung eines zur „Betriebsreife" entwickelten Verfahrens wie des Görtlerschen wird sichtbar an den Vorgängen um eine „Kriegstagung", die die Deutsche Mathematiker-Vereinigung (DMV) im September 1943 in Würzburg veranstaltete. Schröder und Görtler sollten dort auf einer geheimen Sitzung vor ausgewählten Universitätsmathematikern über ihre neuen numerischen Verfahren der Grenzschichtberechnung berichten. Selbst das ging manchen im RLM noch zu weit. Die Resultate Görtlers wurden von der Geschäftsstelle der Forschungsführung im RLM kurzfristig als „Geheime Kommandosache" eingestuft, was ein Redeverbot auf der Tagung der DMV nach sich zog. Nach einer Intervention Prandtls (der zu dieser Zeit bereits Vorsitzender der Forschungsführung war, s. u.) wurde diese äußerst restriktive Haltung revidiert, Görtlers Verfahren in die Stufe „Nur für den Dienstgebrauch" eingeordnet und seine Teilnahme an der Tagung zugelassen; schließlich sollte das Verfahren ja auch andernorts eingesetzt werden."

Unter anderem wurde das Verfahren auch von Kurt Schröder an der Deutschen Versuchsanstalt für Luftfahrt (DVL) in Berlin-Adlershof verwendet [79].[7]

Das Schriftenverzeichnis von Görtler, was er bei Bewerbungen vorlegte, enthielt nur denjenigen Teil seiner wissenschaftlichen Arbeiten, welche zur Veröffentlichung freigegeben werden konnten. Der Rest war geheim. Dies ergibt sich aus dem weiter unten beschriebenen Berufungsverfahren zu einer Professur an der Universität Freiburg, auf die sich Görtler beworben hatte und auf die er dann auch einen Ruf erhielt (siehe Kap. 4).

Im Rahmen seiner Tätigkeit am KWI für Strömungsforschung war Görtler auch in die Entwicklung eines „Apparates zur Berechnung laminarer Grenzschichten" involviert. Allerdings scheiterte das Projekt am Ende, wie man dem folgenden Zitat aus der Biografie über Prandtl entnehmen kann [81].

[7] Da sein [Kurt Schröders] Gesuch um ein Dozentenstipendium aufgrund „politischer Inaktivität" abgelehnt worden war, musste er seinen Lebensunterhalt anderweitig verdienen. Die gewünschte Fortsetzung einer wissenschaftlichen Laufbahn bot ihm in der Zeit von 1937 bis 1945 eine Tätigkeit als wissenschaftlicher Mitarbeiter der Deutschen Versuchsanstalt für Luftfahrt (DVL) in Berlin-Adlershof, allerdings um den Preis des Eintritts in die NSDAP trotz fehlender Neigung. Bei der DVL befasste sich Kurt Schröder mit der Untersuchung von laminaren Grenzschichten unter dem Einfluss von Druckwellen. In einer Arbeit mit August Wilhelm Quick nutzte er das von Heinrich Görtler vorgeschlagene Differenzenverfahren zur numerischen Integration der Grenzschichtgleichungen als Spezialfall der Navier-Stokes-Gleichungen. Eine ausführliche Darstellung dieser Untersuchungen und der angewandten numerischen Methoden ist im DVL-Bericht von Kurt Schröder aus dem Jahr 1943 veröffentlicht. Mit seinen numerischen Berechnungen gehört er zweifellos zu den Pionieren der numerischen Strömungsmechanik, die heute als CFD (computational fluid dynamics) in vielen Bereichen der Verfahrenstechnik und dem Maschinenbau Anwendung findet [79].

„Der in der Fußnote erwähnte Apparat zur Berechnung laminarer Grenzschichten, den Prandtl dabei als Muster vor Augen hatte, war ein rein mechanisches Gerät und hatte nichts mit den elektronischen Computern gemein, die später für meteorologische Berechnungen zum Einsatz kamen. Prandtl hatte schon im Februar 1939 Entwürfe für eine „Grenzschichtmaschine" angefertigt. Unter den Kriegsarbeiten des KWI war das Projekt der von Henry Görtler bearbeiteten „Problemgruppe laminare Grenzschichten" zugeordnet. Mit der Maschine sollten beliebige ebene Grenzschichtströmungen berechnet werden, ohne auf die Fachkenntnisse eines Mathematikers angewiesen zu sein – „mittels eines Rechenschemas, das von untergeordneten Hilfskräften durchgeführt werden kann". Das Projekt gedieh jedoch nicht über eine Entwurfszeichnung aus dem Jahr 1941 hinaus. Erst nach dem Krieg schritten Prandtls Werkstattleiter und ein Mechaniker vom Entwurf zur Tat. Das Ergebnis war eine „mechanische Rechenanlage mit viel Gestänge, vielen Kugellagern und Federn" von der Größe einer Schreibmaschine. „Nach Fertigstellung eines kleinen Teiles haben wir alle damit gespielt, denn wenn man an einer Stelle drückte, bewegte sich auch ganz woanders etwas", so erinnerte sich Görtler viele Jahre später an eine Äußerung des Werkstattleiters. Am Ende zweifelte Prandtl daran, wie er 1950 an Courant[8] schrieb, „ob die erstrebte Genauigkeit, die allein die Weiterarbeit sinnvoll machen würde, erreicht werden" könne. Der Grenzschichtrechner blieb ein Torso."

[8] Richard Courant, 1888–1972.

Die Zeit 1944–1945

4

Im Jahr 1945 hat Görtler einen Ruf nach Freiburg erhalten. Es ging hierbei um die Wiederbesetzung des planmäßigen Extraordinariats für angewandte Mathematik an der Universität Freiburg nach der Emeritierung von Prof. Dr. Ansel[1]. So schrieb Wilhelm Süss 1944 über die Lage der Angewandten Mathematik in Freiburg, der Nachfolger Ansels habe die schwierige Aufgabe, die angewandte Mathematik ... aus einer sehr bescheidenen Grundlage zu entwickeln.[2] Bei der Auswahl der Bewerber, die auf die Berufungsliste kamen, wurde, wie in allen anderen Fällen, folgender Maßstab angelegt[3].

- Der zu Berufende muss ein anerkannter Gelehrter sein.
- Er muss ein anerkannter Gelehrter sein und Sinn und Verständnis für die studierende Jugend haben.
- Seine nationale Gesinnung und sein Wille zum deutschen Staat muss feststehen.

In einem Brief des Dekans der Naturwissenschaftlich-Mathematischen Fakultät an den Rektor Süss vom 05.08.1943 diskutiert der Dekan noch weitere Kandidaten im Rahmen des Bewerbungsverfahrens für die Stelle, die später Görtler erhalten hat. Zu Görtler schreibt er:

[1] Brief des Dekans an den Reichsminister für Wissenschaft, Erziehung und Volksbildung in Berlin über den Minister des Kultus und Unterrichts in Stuttgart, Archiv der Universität Freiburg, B15/155.
[2] V. Remmert, Das Mathematische Institut der Universität Freiburg (1900–1950), in: M. Toepell (ed), Mathematik im Wandel, Anregungen zum fächerübergreifenden Mathematikunterricht, Vol. 2, Hildesheim, Berlin 2001, 374–392.
[3] Archiv der Universität Freiburg B15/155.

D. Kröner, *Der angewandte Mathematiker Henry Görtler: Sein Leben vor und nach 1945*, https://doi.org/10.1007/978-3-662-71930-5_4

„Herr Görtler hat uns im übrigen gerade vorgestern einen Vortrag über eine neue Arbeit gehalten, dessen meisterhafte Klarheit eine reine Freude war.“

Offenbar wurde keine ordentliche Berufungskommission gebildet, wie aus einem Brief des Dekans der Naturwissenschaftlich-Mathematischen Fakultät an Doetsch hervorgeht[4]:

„In die engere Wahl haben wir bis jetzt gezogen die Herren Maruhn aus Berlin und Herrn Dr. Görtler aus Göttingen. Beide Herren haben im Laufe dieses Jahres hier vorgetragen und einen recht guten Eindruck hinterlassen. Wir werden sie voraussichtlich auf die Berufungsliste setzen. Dankbar wäre ich Ihnen nun, wenn Sie mir noch einige, möglichst auch durchführbare Vorschläge für den dritten Namen machen könnten. Eine eigentliche Kommission möchte ich nicht ernennen, möchte aber die Berufungsangelegenheit gerne im Februar vor die Fakultät bringen.“

In dem Berufungsvorschlag steht Görtler auf Platz eins. Seine Würdigung durch den Dekan lautete[5]:

„Der an erster Stelle vorgeschlagene Dozent Dr. Heinrich Görtler, geboren 1909, hat 1936 an der Universität Gießen promoviert und arbeitet seit Herbst 1937 am Kaiser-Wilhelm-Institut für Strömungsforschung als mathematischer Mitarbeiter. Im Sommer 1940 hat er sich an der Universität Göttingen für reine und angewandte Mathematik habilitiert und später seine Lehrbefugnis auf das Gebiet der für die Luftfahrtforschung entscheidenden Strömungslehre ausgedehnt[6]. Lebenslauf und Schriftenverzeichnis liegen bei.[7] [8] Das Schriftenverzeichnis

[4] Archiv der Universität Freiburg, Brief des Dekans vom 22.12.1943 an Doetsch, B15/155.

[5] Archiv der Universität Freiburg, Brief des Dekans an B15/155.

[6] Habilitation am 16.07.1940. Zum 30.08.1940 wurde seine Lehrbefugnis für Mathematik auf die Fächer Mathematik und Strömungslehre erweitert und er wurde zum Dozenten ernannt.

[7] In diesem Lebenslauf erwähnt Görtler in einem Zusatz, dass er auch Mitarbeiter des Jahrbuches über die Fortschritte der Mathematik und des Zentralblatts für Mathematik ist [124].

[8] Im Landesarchiv Baden-Württemberg, Akte F 1081, Nr 482 befindet sich eine weitere Beurteilung Görtlers. Mit Brief vom 09.12.1940 teilt der Kreisleiter (Göttingen?) dem Sicherheitsdienst folgende Beurteilung über Görtler dem Sicherheitsdienst mit. „Gördler (gemeint ist wohl Görtler) ist Parteigenosse seit dem 01.05.1937 unter der Mitgliedsnummer 5575631. Vorher war er mehrere Jahre Mitglied der SA, der er noch heute angehört. Ausserdem ist er Mitglied des NSD.-Dozentenbundes (Nationalsozialistische Deutsche Studentenbund). Im Jahre 1935 war er 8 Wochen bei der Wehrmacht in Gießen. Seine Einstellung zur NSDAP ist positiv, sein allgemeiner Leumund und seine Lebensführung sind einwandfrei. K. (gemeint ist wohl Görtler) lebte bis zu seinem 15 Lebensjahr in Kanada bei seinen Eltern, besuchte dann Schulen in Deutschland und studierte in München u.s.w. Der Vater wohnt noch in Kanada und ist zur Zeit interniert. Die politische Zuverlässigkeit wird seitens der Kreisleitung bejaht.“ In dieser Beurteilung fällt auf, dass der Verfasser einmal Gördler anstelle von Görtler schreibt, einmal Görtler durch den Buchstaben K abkürzt. Auch die Interpunktion ist an mehreren Stellen nicht nachvollziehbar. Außerdem kam Görtler im Alter von 12 Jahren nach Deutschland, nicht mit 15. Eine echte Neuigkeit ist die Aussage, dass der Vater von Görtler zu dieser Zeit, also 1940, interniert war. Kommentar von Dirk Görtler, Henry Görtlers Sohn: Möglich, dass mein Großvater (den ich nie gesehen habe, nicht einmal ein Foto, kenne nicht einmal seinen Vornamen) von den Kanadiern als deutscher Einwanderer zu Kriegsausbruch erst einmal weggeschlossen wurde, wie die japanischen Einwanderer in Kalifornien in den 1940er Jahren. Mein Vater

> enthält nur denjenigen Teil der wissenschaftlichen Leistungen von Görtler, welche zur Veröffentlichung frei gegeben werden konnten. Die Tätigkeit des Dr. Görtler am KWI für Strömungsforschung in Göttingen wird uns als sehr erfolgreich geschildert. Prof. Prandtl, der Direktor dieses KWI Instituts, hebt die große Reihe von Arbeiten lobend hervor, welche Görtler zur Theorie der Reibungsschichten über die Entstehung der Turbulenz über Gasströmungen von hoher Geschwindigkeit, sowie über atmosphärische Strömungen verschiedener Art durchgeführt hat. Er unterstreicht das dabei gezeigte bemerkenswerte Geschick Görtlers in der Anwendung von analytischen wie auch von numerischen und graphischen Methoden. Zur Erreichung des jeweils gesteckten Zieles wurde betont, daß Görtler unsere Kenntnis von den gesamten Problemen um sehr wertvolle Lösungen und Methoden bereichert hat. Z.Zt. arbeitet Görtler an einem Buch über „Grenzschichtlehre", das von den Fachleuten der Strömungslehre sehnlichst erwartet wird, im Auftrag des Reichsforschungsrates.
>
> Wenn somit die wissenschaftliche Qualifikation Görtlers außer Frage stehen dürfte, so gilt Görtler auch als guter akademischer Lehrer sowohl für den Anfängerunterricht, wie auch für die verschiedenen Zweige des Unterrichts für Fortgeschrittene. Görtler ist Mitglied der NSDAP. Er macht menschlich einen sehr frischen Eindruck und zeigt ein offenes und freies Auftreten. Wir sind überzeugt, in ihm einen Kollegen zu gewinnen, der sowohl den strengen Anforderungen hinsichtlich seiner Eignung als Forscher und akademischer Lehrer gerecht wird wie auch sich gut in die Zusammenarbeit der hiesigen Fakultät einordnen wird."

Etwas weniger „grundlagenforschungsmäßig" formuliert heißt es in [99]:

> „Henry Görtler wurde von Süss[9] 1944 für den Aufbau der angewandten und somit explizit als kriegswichtig eingeordneten Mathematik nach Freiburg berufen."

Die Kriegsrelevanz von Görtlers Arbeiten wird auch durch einen Brief vom 01.09.1944 von Görtler an den Rektor Süss der Universität Freiburg deutlich [122]:

> „Ich bitte mir zu erlauben, dass ich zur Durchführung meiner kriegswichtigen Forschungsaufträge am Kaiser-Wilhelm-Institut für Strömungsforschung weiterhin in Göttingen bleibe. Ich habe die Absicht, etwa am 15.10.1944 auf Grund eines soeben vereinbarten Wohnungstausches nach Freiburg umzuziehen, und möchte bis zu diesem Termin den an das Göttinger KWI gebundenen Teil meiner Arbeiten zum Abschluss bringen."

---

wurde wahrscheinlich von den Nazis genau geprüft, weil er ja einen Migrationshintergrund hatte und die Kanadier nicht unbedingt Verbündete der Nazis waren.

[9] Remmert [112]: Es ist schwer zu beurteilen, welche Motive hinter Süss erfolgreichem Handeln steckten und ob Süss, wie er selbst und die Mehrzahl seiner mathematischen Zeitgenossen versicherten, tatsächlich stets nur das Wohlergehen der Mathematik im 3. Reich im Auge hatte, um dem Legitimierungsdruck auf die Mathematik zu begegnen. Jedenfalls hat er seine Kraft und seine Talente wesentlich in den Dienst des herrschenden Regimes gestellt und in seinem Tätigkeitsbereich zur Stabilisierung der Verhältnisse beigetragen. Auf der anderen Seite hat Süss sich viele Verdienste um Einzelpersonen und die Qualität der Wissenschaft sowohl als leitender Fachpolitiker in seiner eigenen Disziplin als auch als Rektor für die Universität Freiburg erworben. Süss war kein überzeugter Nationalsozialist, sondern ein begabter Wissenschaftsorganisator, der sich mit dem herrschenden System zu arrangieren verstand, aber auch deutliche Worte der Kritik äußerte, wenn es seiner Sache angemessen und dienlich schien. So kritisierte er in seinem Referat vor der Rektorenkonferenz in Salzburg im August 1943 in relativer Offenheit die Mißstände in der deutschen Wissenschaftsorganisation.

Darauf antwortet Süss am 07.09.1944 [122]:

> „... ich bin selbstverständlich damit einverstanden, dass Sie zur Durchführung Ihrer kriegswichtigen Forschungsaufträge weiterhin in Göttingen verbleiben. ...“

Im Jahr 1944 erhält Görtler einen Ruf nach Freiburg, den er annimmt. Hitler ernennt ihn durch Urkunde vom 30.01.1945 unter Berufung in das Beamtenverhältnis auf Lebenszeit zum außerordentlichen Professor [122].[10] Süss datiert dann die Ernennung zurück auf den 01.12.1944 mit der Begründung, dass Görtler den Lehrstuhl schon zwei Semester lang vertreten hatte [122]. Nach Erhalt des Rufes musste er den Umzug von Göttingen nach Freiburg organisieren. In einem Brief vom 03.04.1944 berichtet Görtler Süss über seine positiven Berufungsverhandlungen mit einem Oberregierungsrat und bedankt sich bei Süss für seine Unterstützung in dem Berufungsverfahren[11]. Das war zu dieser Zeit gar nicht so einfach. Die damalige Situation ergibt sich aus einem Brief Abb. 8.5 von Görtler an Süss. Dort heißt es:

> „...Wir werden also in Freiburg im kommenden Winter lesen! Wenn im Winter eben so viel Alarm gegeben wird wie bisher, werden wir wohl stark auf die Abendstunden zurückgreifen müssen. Egal, es soll mich freuen, wenn wir das Semester allen Schwierigkeiten zum Trotz durchführen können. Ich habe die Absicht am Freitag den 20. dieses Monats hier abzufahren, hoffentlich wird vorher noch die Transportsperre aufgehoben, damit sich mein Teilumzug durchführen läßt. Sollte dies der Fall sein, so müsste ich zunächst nach Freiburg fahren, wenn nicht, so komme ich ihrem Wunsche entsprechend gern zuerst einmal nach Lorenzenhof [in Oberwolfach] auf einige Tage. Da ich wegen der schlechten Postverbindung wohl kaum noch definitiven Bescheid geben kann, bitte ich Sie mit meinem Erscheinen auf Lorenzenhof an einem der Tage kurz vor dem 20. rechnen zu wollen...“[12]

Interessant und erwähnenswert an dieser Stelle ist, dass Görtler den Brief endet mit

Mit den herzlichsten Grüssen!
stets Ihr
H. Görtler.

---

[10] Im Landesarchiv Baden-Württemberg, Akte F 1081, Nr. 482 befindet sich ein Brief des Abschnittsleiters Benno Nagerkurth an die Gauleitung Süd-Hannover-Braunschweig mit folgendem Inhalt: Der Parteigenosse Dr. Görtler wird in seiner politischen Einstellung als durchaus einwandfrei beurteilt. Er ist seit dem Jahre 1937 aktiv als Rottenführer in der SA tätig. Sein allgemeiner Leumund und seine Lebensführung sind einwandfrei. Seine Ernennung zum außerordentlichen Professor wird von hier nun zugestimmt.

[11] Archiv Universität Freiburg B15/155.

[12]

Wohnsitze von Görtler [121]:

1941–1946 Göttingen, Herzberger Landstr. 2a
1946–1948 Oberwolfach, Am Wasser 16
1948–1954 Freiburg, Stadtstr.57
1954–1987 Freiburg, Sonnhalde 90

.

Dies ist insofern interessant als er einen anderen Brief an Süss 1942 (siehe Abb. 8.3, 8.4) noch beendet mit den Worten[13]

Mit den besten Grüssen!
Heil Hitler!
Ihr ergebenster
H. Görtler.

Man könnte vermuten, dass das Weglassen von „Heil Hitler" ein gewisses Umdenken bei Görtler sichtbar werden lässt.

In einem Brief des Studenten Püschel an Süss gibt der Student Görtlers Empfehlung für seine Berufswahl wieder, siehe Abb. 8.2. Er empfiehlt dem Studenten die wissenschaftliche Laufbahn mit der Begründung, dass „Wehrmachtsangehörige, die für einen Assistentenposten an der Universität, T.H. oder einem Forschungsinstitut angefordert werden, Arbeitsurlaub von zunächst einem Jahr Dauer mit der Aussicht auf Verlängerung bekommen können, wenn es sich um kriegswichtige Arbeiten handelt." Wenn dieser Fall eintritt, so wäre dass für den Studenten eine einmalige Gelegenheit....Durch dieses Zitat wird nochmal deutlich, dass Görtler kriegswichtige Forschung toleriert, insbesondere auch mit dem Ziel, dem Wehrdienst zu entgehen.

Über die meisten Mitarbeiter, die Süss 1944 mit nach Oberwolfach brachte, heißt es in [83]:

> „Most of the employees Süss[14] brought to his institute in the winter of 1944–1945 had already worked for quite some time in the field of war research. Like Herbert Seifert[15] and Henry Görtler, they took up or continued their previous research projects. It is therefore quite conceivable that the RIM [Reichsinstitut für Mathematik, in Oberwolfach] could have developed more in accordance with its original aims had the war taken a different course or come to a different end."

Das Mathematische Institut der Universität Freiburg wurde bei einem Fliegerangriff 1944 zerstört [104]:

> „Am 27.11.1944 fand ein Terrorangriff auf die Stadt Freiburg statt. Die Naturwissenschaftlich-Mathematische Fakultät ist neben der Medizinischen Fakultät am schwersten getroffen. Ihre Institute waren in der Hauptsache in dem vom Terrorangriff betroffenen Gebiet untergebracht und sind zum allergrößten Teil zerstört."

Erst Ende 1947 standen in Freiburg wieder Räume zur Verfügung[16].

---

[13] Brief von Görtler an Süss, 21.07.1942, Archiv der Universität Freiburg.

[14] Mitarbeiter von Süss in Oberwolfach: Heinrich Behnke (1898–1979), Hermann Boerner (1906–1982), Gerrit Bol (1906–1989), Henry Görtler (1909–1987), Hermann ter Hell (1902–?), Wilhelm Maak (1912–1992), Charles Pisot (1910–1984), Frédéric Roger (1910–?), Theodor Schneider (1911–1988), Hans Schubart (1921–1985), Herbert Seifert (1907–1996), Emanuel Sperner (1905–1980), William Threlfall (1888–1949) [99].

[15] Herbert Seifert, 1907–1996.

[16] Süss, Wilhelm: „Tätigkeitsbericht des Mathematischen Institutes der Universität Freiburg für das Jahr 1947"; Universitätsarchiv Freiburg E6/004, Bl. 18.

Die Zeit 1945–1987 5

5.1 Görtlers Suspendierung

Nach Ende des Krieges wurde Görtler im Rahmen eines Entnazifizierungsprogramms suspendiert. In [122] befindet sich ein Aktenvermerk folgenden Inhalts:

> „Nach der Veröffentlichung in dem Mitteilungsblatt der Militärregierung ‚INFORMATION' vom 4.Oktober 1945 ist
>
> a. o. Prof. Dr. Josef Görtler[1]
>
> aus seinem Dienste enthoben worden. Durch Rücksprache bei der Militärregierung wurde festgestellt, dass die Entscheidung über die Enthebung am 26.September 1945 getroffen worden ist."

In einem Aktenvermerk des Ministeriums für Kultus und Unterricht [122] heißt es, dass die Suspendierung erst am 28.09.1945 wirksam geworden ist und die Anweisung der Dienstbezüge einzustellen ist. Grundlage dafür war nach Ansicht von Süss ein von Görtler ausgefüllter Fragebogen (siehe auch Abschn. 8.6).[2]

Dieser Fragebogen enthält auf der ersten Seite Fragen nach Name, Staatsangehörigkeit, Geburtsort, Anschrift, Beruf, gegenwärtige Stellung und Stellung vor 1933, Mitgliedschaft in der NSDAP und Tätigkeiten in NSDAP-Hilfsorganisationen. Die

[1] Brief von Görtler an den Rektor der Universität [122]: „Nach Geburts- und Taufurkunde lauten meine Vornamen Joseph Henry (Rufname Henry). Als ich von meinem Geburtsland Canada nach Deutschland übersiedelte und hier das Abitur bestand, wurde mein Reifezeugnis auf den Vornamen Heinrich ausgestellt. Dieser Vorname pflanzte sich von Urkunde zu Urkunde fort." Görler bittet dann darum, zukünftig nur den Vornamen Henry zu verwenden.

[2] Archiv der Universität Freiburg, B 0034 (Entnazifizierungskommission (1933–1950)), 153; B 0034 (Entnazifizierungskommission (1933–1950)), 479; B 0001 (Rektorat, Universitätsverwaltung (1749–1982)), 3491.

D. Kröner, *Der angewandte Mathematiker Henry Görtler: Sein Leben vor und nach 1945*,
https://doi.org/10.1007/978-3-662-71930-5_5

Frage nach der Mitgliedschaft in der NSDAP beantwortet Görtler mit JA, dem Zusatz: Anwärter und dem Datum [seit] 01.05.1937.[3] Alle anderen Fragen beantwortet er mit NEIN.

Auf einer weiteren Seite wird nach der Mitgliedschaft in Gliederungen gefragt. Danach war er seit 05.05.1933 Mitglied der SA und seit 1939 beurlaubt. Sein höchster Dienstrang in der SA war Rottenführer (Na.82 Göttingen) [122]. In der Zeit von 1937–1943 war er Mitglied in der DAF[4], seit 1936 Mitglied in der NSV[5], vom 01.12.1934 bis 01.07.1937 Mitglied im NS-Lehrerbund, seit 1937 im NS-Aktuarverband, seit 1943 im Dozentenbund und von 1934 bis 1937 in der Deutschen Glaubensbewegung. Er war außerdem Mitglied im RLB (Reichsluftschutzbund) und dem NS-Altherrenbund [120]. In einer Erklärung Görtlers vom 19.07.1940 heißt es: Ich werde an einem Lehrgang des dem Stellvertreter des Führers unterstehenden Reichslagers für Beamte teilnehmen, sobald mir die Möglichkeit hierzu geboten wird [122][6]

Dann werden Daten zu seiner beruflichen Tätigkeit und Gehältern abgefragt, die er wie folgt beantwortet:

01.11.1934–04.08.1935	wissenschaftlicher Hilfsassistent	Universität Giessen
01.10.1935–01.08.1937	wissenschaftlicher Assistent	Universität Giessen
15.08.1937–01.04.1944	wissenschaftlicher Assistent	KWI Göttingen
01.04.1944– jetzt	a.o. Prof.	Universität Freiburg

Sein Jahresgehalt in Göttingen betrug 7082, 46 Reichsmark und in Freiburg 7824 Reichsmark.

Vom 05.08.1935 bis 27.09.1935 hat Görtler als Schütze bei der Infanterie in Göttingen Militärdienst abgeleistet. Er wurde dann mit Beginn des Krieges vom Militärdienst zurückgestellt mit der Begründung: UK-Stellung für wissenschaftliche Forschung.

Dann gibt es noch einen Teil des Fragebogens, der die Überschrift trägt: Ergänzungen zum Fragebogen. Unter Punkt 1 macht er nochmal persönliche Angaben zum Geburtsort usw. Punkt 2 und 3 sind die interessanten Punkte, in denen es heißt:

[3] Im Landesarchiv Baden-Württemberg, Akte F 1081, Nr 482 befinden sich zwei Dokumente über Beitragsmarken Görtlers der NSDAP, eine Parteianwärterkarte vom 01.01.1938, eine Mitgliedskarte für die Ortsgruppe Göttingen, die das Eintrittsdatum 01.05.1937 bestätigt und ein Brief an die Reichsdozentenführung über die Neuaufnahme von Görtler zum 01.01.1943.

[4] Deutsche Arbeitsfront, DAF war rechtlich ein der NSDAP angeschlossener Verband.

[5] Nationalsozialistische Volkswohlfahrt.

[6] In einem (anderen) Fragebogen für Parteimitglieder des Reichsorganisationsleiters der NSDAP mit Stand vom 01.07.1939 teilt Görtler folgende Mitgliedschaften mit: SA, Deutsche Arbeitsfront, NS-Volkswohlfahrt, Reichsluftschutzbund, NS-Altherrenbund d.D. Studenten und allgemein Berufsverbände. Weiterhin hat er auf S. 2 des Fragebogens „SA Sportabzeichen“ angekreuzt.

„2. Im Winter 1931, 1932 (meinem 6. Studiensemester) war ich privater Assistent und Doktorand des Giessener Physikers Prof. George Jaffé. Dieser Lehrer, dem ich als mittelloser Student viel zu verdanken hatte, musste als Jude nach dem Sommer-Semester 1933 Deutschland verlassen. Wegen meiner Tätigkeit für ihn und weil ich mit einigen anderen Studenten dafür sorgte, dass Jaffés Vorlesungen ungestört verliefen, wurde ein starker Druck von der Studentenschaft auf mich ausgeübt. Um weiter studieren zu können musste ich mich, der Masse der Studenten folgend, in die SA eingliedern lassen (am 27.11.1933, während später auf meiner Mitgliedskarte der 05.05.1933 als Eintrittstag erschien). Ich hatte bisher die Not und den nackten Hunger an mir selbst als Werkstudent und an den deutschen Arbeitern, mit denen ich um kargen Lohn schuften musste, genügend kennengelernt, um in der Folgezeit angesichts der Beseitigung der Arbeitslosigkeit und der Verbesserung der Berufsaussichten die Hoffnung zu nähren, es würde sich alles zum Besseren wenden. Ich hielt mich daher bewusst von jeder politischen Betätigung fern.

3. Ich kannte in dieser Zeit meiner ersten selbständigen wissenschaftlichen Tätigkeit, die mir 1935 den Osann-Beulwitz-Preis einbrachte, und auch später nur meine mathematische Arbeit.[7] Auf ausdrücklichen Wunsch meiner Professoren betreute ich als Assistent des Mathematischen Seminars in Giessen die Studenten auf rein wissenschaftlichem Gebiet in ihrer mathematischen Fachschaftsarbeit, weil wir bestrebt sein mussten, junge NSDStB–Hitzköpfe (Nationalsozialistischer Deutscher Studentenbund) von dieser Arbeit fernzuhalten. Das gelang mir, obgleich ich weder Mitglied der Studentenschaft oder des NSDStB noch der Partei war, nur weil ich das Vertrauen der reiferen Studenten besass und einzusetzen verstand. Nachdem jedoch der Reichsfachabteilungsleiter Dr. Fritz Kubach eine Stellungnahme der Giessener Fachabteilung mit starken Fälschungen[8] an die Öffentlichkeit brachte, schied ich von dieser Arbeit aus und bekundete meine gegnerische Stellung zur Reichsstudentenführung, indem ich der von ihr stark angefeindeten wissenschaftlichen Gesellschaft „Deutsche Mathematiker-Vereinigung“ beitrat.

4. Mein Wunsch 1937 nach Canada zurückzukehren kam aus finanziellen Gründen nicht zur Verwirklichung. Ich hatte dann das grosse Glück, als mathematischer Assistent zu Prandtl, den Schöpfer der modernen Strömungsforschung, nach Göttingen zu kommen. In diesem Jahr wurde ich automatisch der Partei zugeführt, wobei ich in der Folgezeit weder vereidigt wurde, noch ein Parteibuch erhielt. Von den wechselnden Göttinger Ortsgruppenleitern wurde ich unter dem Hinweis, dass ich nur Partei-Anwärter sei, immer wieder auf das stärkste gedrängt, ein Amt zu übernehmen. Auf meine ständigen Weigerungen hin erfolgten immer erneute Ankündigungen, des zu erwartenden Hinauswurfes. In der SA, wo ich mich dem Dienst fernhielt und es ebenfalls bewusst zu nichts brachte, ging es mir nicht anders. Obgleich ich für meine Mutter und später für eine eigene Familie zu sorgen hatte, liess ich mich nicht zur aktiven Mitarbeit zwingen, nachdem mir die Korruptheit des Systems, die Verlogenheit der Propaganda und der drohende Ruin des deutschen Volkes klar geworden waren.

5. Als Studienreferendar an der Oberrealschule Giessen 1934 war ich verpflichtet dem NSLB beizutreten. Als Angestellter des Kaiser-Wilhelm-Instituts für Strömungsforschung in Göttingen ab 1937 trat ich sofort aus wurde dafür aber zwangsweise der DAP (Deutsche Arbeiterpartei) zugeführt. Von hier aus wurde ich nach Erlangung der Dozentur zum Dozentenbund überwiesen. So entstand diese zeitliche Kette der „JA“ in meinem Fragebogen. Zum Altherrenbund habe ich meinen Beitritt erklärt, um den jungen Studenten zu helfen und meinen Dank für Stipendien und andere Hilfen während der eigenen Studienzeit abzustatten.

Wenn meine religiöse Einstellung in diesem Zusammenhang eine Rolle spielt: Ich bekenne mich zum Christentum, ohne das Glück zu haben mich vorbehaltlos einer bestehenden

[7] Görtler hat neben seiner mathematischen Tätigkeit auch als Werkstudent gearbeitet s. o.

[8] Gemeint ist damit sein Aufsatz in der Zeitschrift ‚Deutsche Mathematik‘.

Konfession anschliessen zu können. Als Protest gegen Goebbelschen Gewissenszwang, trat ich der Glaubensbewegung bei. Ich musste dies aber sehr bald bedauern, da diese Bewegung, die anfänglich für Gewissensfreiheit und Toleranz in Glaubensfragen zu kämpfen vorgab, sich später nur zu bereitwillig zum Werkzeug der Partei machen liess. Ich trat deshalb enttäuscht und angeeckt aus."

5.2 Bemühungen von Süss und Prandtl, Görtlers Suspendierung aufzuheben

In einem Brief vom 08.10.1945 von Süss an den Dekan der Mathematik[9] heißt es:

„Die Suspendierung des Kollegen Görtler kann ich mir nur so erklären, dass zur Beurteilung allein sein Fragebogen herangezogen worden ist, da andere Auskünfte über ihn nicht vorhanden waren, zumal er von dem Untersuchungsausschuss der Universität noch nicht gehört worden ist. Ich bitte nun, dass dieser Ausschuss sich des Falles Görtler besonders intensiv annimmt, um die mir unter vielen Gesichtspunkten ungerecht scheinende Suspendierung von Görtler wieder rückgängig zu machen."

In diesem Brief setzt sich Süss vehement für Görtler ein. Er bezeichnet ihn in diesem Brief als seinen „nächsten Mitarbeiter". Nach dem Verlust des Institutsgebäudes in Freiburg hielt sich Görtler zu dieser Zeit am Lorenzenhof in Oberwolfach auf, dem späteren Mathematischen Forschungsinstitut. Konkret beschreibt Süss in diesem Brief die politische Haltung von Görtler wie folgt[10] (siehe Abb. 8.7):

„Was nun die bei der Frage der Entnazifizierung zu Überprüfung stehende politische Haltung von Professor Görtler betrifft, so sind alle Mitarbeiter des hiesigen Instituts mit mir darin einig, dass Herr Görtler sich nicht im Mindesten als überzeugter Anhänger der NSDAP gezeigt oder gar aktiv betätigt hat. Im Gegenteil: Er passt in seiner Haltung ganz vorzüglich in den Kreis der Mathematiker, die sich hier zusammengefunden hatten, und die sämtlich dem politischen Geschehen mit äußerster Zurückhaltung und Skepsis, in stiller Ablehnung gegenüber standen, die sich im kleinen Kreis in starker Kritik äußerte."

Süss führt dann in dem Brief weiter aus:

„Herr Görtler hat zudem seinen Fragebogen ungeschickt ausgefüllt und einen für ihn unrichtiges, ungünstiges Bild entstehen lassen dadurch, dass er Wesentliches hinzuzufügen unterlassen hat. Sein Fragebogen enthält auf Seite 2 eine Anzahl von Ja-Antworten. Zumindestens muss zur richtigen Beurteilung erläuternd hinzugefügt werden, dass drei der Ja-Antworten, das Ja beim NSLB (Nationalsozialistischer Lehrerbund) bis 1937, danach das Ja bei der DAF[11] 1937 bis 1943 und dann das Ja beim Dozentenbund ab 1943 nur die Zwangsmitgliedschaft entsprechend der jeweiligen Berufsstellung betreffen und vielfach gar nicht zu umgehen war; die erste von ihnen hatte die späteren zur zwangsläufigen Folge und die erste war schon automatisch mit der Einstellung als Studienreferendar und dann Assistent

[9] Brief von Süss an Dekan vom 08.10.1945, Archiv der Universität Freiburg.
[10] Brief von Süss an Dekan vom 08.10.1945, Archiv der Universität Freiburg.
[11] Deutsche Arbeitsfront, DAF war rechtlich ein der NSDAP angeschlossener Verband.

verbunden. Ferner war die Mitgliedschaft bei der SA für den damaligen Studenten Görtler als Schüler und Mitarbeiter eines jüdischen Professors 1933 die Voraussetzung seitens der Studentenführung für die Fortsetzung seines Studium. Ich glaube, dass die verschiedenen Mitgliedschaften in anderem Licht erscheinen werden, wenn man diese Verhältnisse kennt und beachtet."

Am 09.10.1945 schreibt auch der Dekan der Naturwissenschaftlichen Fakultät einen Brief an den Rektor mit der Bitte, Görtler wieder einzustellen [122]. Er schreibt unter anderem:

„Görtlers Arbeiten sind in England und USA viel beachtet worden, eine von ihnen erschien während des Krieges in englischer Übersetzung im Journal Roy. Aeronant Soc. [61] Diese Arbeit brachte die erste Lösung des 30 Jahre offen gebliebenen Grundproblems der Grenzschichttheorie (Weiterentwicklung einer Grenzschichtströmung bei gegebenem Anfangsprofil)."

Soweit die Erklärungen von Süss und des Dekans. Der Brief von Süss vom 08.10.1945 ist auch insofern interessant, als Süss von Mai bis Dezember 1945 selbst suspendiert war. Den oben angesprochenen Fragebogen findet man in Abschnitt 8.6, in dem man die Aussagen von Süss bestätigt findet. Aufgrund eines Briefes von Görtler an Professor Ritter[12] vom 03.11.1945 kommt man allerdings zu einer anderen Erklärung der Suspendierung Görtlers. In diesem Brief geht Görtler auf seinen Aufsatz in der Zeitschrift ‚Deutsche Mathematik' ein und schreibt (siehe Abschn. 8.8):

„Sehr verehrter Herr Ritter,

Herr Zentgraf hat mir die Aufforderung des Untersuchungsausschusses der Universität übermittelt, Ihnen die von mir zu erstattende Nachmeldung zu meinem Fragebogen schriftlich zu übergeben. Der Sachverhalt, um den es sich handelt ist mir erst vor kurzem zum Bewusstsein gekommen. Dies bedauere ich sehr und es hat mir schwere Sorgen bereitet. Ich bin Ihnen für Ihr Verständnis und Vertrauen zu großem Dank verbunden.

Wie ich schon in der Erläuterung meines Fragebogens angegeben habe, habe ich 1935/36 als Assistent am Mathematischen Seminar in Gießen auf ausdrücklichen Wunsch meiner Professoren die Betreuung der Studenten in ihrer mathematischen Fachschaftsarbeit über-

[12] In Absprache mit dem französischen Universitätscurator Jacques Lacant wurde im Juli 1945 ein Reinigungsausschuss unter Constantin von Dietze, Adolf Lampe und Gerhard Ritter ins Leben gerufen. Lampe geriet später selbst zeitweise in ein Internierungslager wegen seiner Publikation ‚Allgemeine Wehrwirtschaftslehre' und Ritter war den französischen Behörden zu preußisch. Kaum nach Beginn der Arbeit des Reinigungsausschusses empfand Rektor Janssen dessen Auftreten als zu autonom. Der Senat wünschte keine Instanz neben den satzungsgemäßen Organen der Universität und kooptierte daher die Kommission, sodass das Gremium formal auch als Senatsausschuss angesehen werden konnte. Rektor und Prorektor wurden der Kommission zusätzlich qua Amt zugerechnet. Personell wurde der Ausschuss erweitert, sodass er im August 1945 schließlich aus Constantin von Dietze, Gerhard Ritter, Adolf Lampe, Friedrich Oehlkers, Walter Eucken, Sigurd Janssen (Rektor) und Franz Böhm (Prorektor) bestand. Im Mai 1946 setzte sich der Ausschuss aus Josef Sauer (Theol.), Constantin von Dietze (Rechtswiss.), Gerhard Ritter (Phil.), Friedrich Oehlkers (Naturwiss.-Math.) und Franz Büchner (Med.) zusammen.

Die Reinigung sollte auf der Basis von Fragebögen fakultätsweise behandelt werden.

nommen, weil wir bestrebt sein mussten junge Hitzköpfe aus den Reihen der NSDStB[13] von jeder Einflussnahme auf diese Arbeit fernzuhalten. Nun wurde die Gießener Fachabteilung Mathematik aufgefordert, zu einem Aufsatz des Reichsfachabteilungsleiters Mathematik Dr. F. Kubach in Bd. 1 der Zeitschrift ‚Deutsche Mathematik' Stellung zu nehmen. Ein Bericht, an dem unsere älteren Studenten und ich beteiligt waren und der im Gegensatz zu Kubach für Verständnis zwischen Professoren und Studenten werben sollte, wurde daraufhin von mir eingereicht. Für dessen Inhalt war ich nicht gewillt, die Verantwortung zu übernehmen, und er war lediglich als interner Bericht der Fachabteilung gedacht. Ohne mein Wissen und gegen meinen Willen wurde dieser Aufsatz unter meinem Namen zum Druck in der bereits genannten Zeitschrift gegeben und obendrein durch wesentliche Änderungen und Hinzufügungen verfälscht. Dieser Vorfall und die allgemeine Erkenntnis, dass meine Mitarbeit missbraucht wurde, veranlassten mich dazu, von dieser Mitarbeit zurückzutreten. Zur eindeutigen Kennzeichnung meiner Einstellung trat ich in dieser Zeit der von der Reichsführung der Studentenschaft stark angefeindeten Deutschen Mathematiker-Vereinigung bei.

Als Zeugen nenne ich Herrn Professor Wilhelm Süss, Vorsitzenden der Deutschen Mathematiker-Vereinigung

Mit ergebenster Begrüßung Ihr H. Görtler"

Offenbar hat dieser Brief noch nicht zur Reintegration Görtlers geführt. Es folgte daraufhin ein intensiver Schriftverkehr zwischen Görtler, Prandtl und Süss, auf den ich im Folgenden eingehen möchte. Die zugehörigen Dokumente aus den Archiven der Universität Freiburg und des Max-Planck-Institut in Berlin findet man in Abschnitt 8.9.

Am 08.11.1945 berichtet Görtler in einem Brief an Prandtl (siehe Dokument 8.9) [77] zunächst über das Interesse von John Todd an einem noch nicht vollendeten Buch über Grenzschichttheorie. Er bittet darin Prandtl, ihm die Möglichkeit zu eröffnen, zur Vollendung des Buches auf die Literatur am KWI zurückgreifen zu dürfen. Am Ende des Briefes geht er auf seine persönliche Situation ein und schreibt:

„Zusammen mit Herrn Süss sind alle Freiburger Mathematiker mit Ausnahme von Herrn Doetsch suspendiert worden. Sie werden mich genügend aus den sieben Jahren meiner Arbeit am KWI kennen um zu wissen, dass ich kein Nazi-Aktivist war. Wenn Sie und andere unbelastete Herren des Instituts und vielleicht auch Herr Betz über mich eine diesbezügliche Erklärung abzugeben bereit wären, könnte mir das gewiss von Nutzen sein. Bitte betrachten Sie dies jedoch nur als Bemerkung am Rande, die auch ignoriert werden kann."

In einem PS fügt Görtler noch an:

„Bis zur Klärung in Freiburg bleibe ich hier auf Lorenzenhof. Hier findet man noch Ruhe zu vernünftiger Arbeit. Langsam beginnt auch die Zukunft unseres Reichsinstituts festere Umrisse zu bekommen, jedenfalls ist für das dringlichste gesorgt."

Während Görtler in diesem Brief Prandtl noch sehr unverbindlich um seine Unterstützung bittet, tut er dies in einem Brief vom 16.11.1945 umso dringlicher [77]:

[13] Nationalsozialistischer Deutscher Studentenbund.

„In meinem Brief vom 8.d.M. hatte ich nebenbei erwähnt, dass mit Herrn Süss auch ich suspendiert worden bin und bemerkt, dass eine eventuelle Aussage von ihnen und unbelasteten Mitarbeitern des KWI für mich wertvoll sein könnte. Nunmehr muss ich Sie dringend bitten, mir wenn möglich baldigst mit einer solchen Erklärung zu Hilfe zu kommen. Aus der Zeit meiner siebenjährigen Tätigkeit am KWI werden sie mich hinreichend kennen um mit gutem Wissen bezeugen zu können, dass ich gewiss kein Nazi war. Sie werden sich vielleicht aus meinen Erzählungen erinnern, dass ich bis in den Sommer 1933 hinein private Hilfskraft und Doktorand des Gießener theoretischen Physikers George Jaffé war, der dann als Jude Gießen und Deutschland verließ. Ich bin Ende 1933 unter dem Druck der Studentenschaft und um weiter studieren zu können, in die SA eingetreten, damit nur der Masse nachfolgend. 1937 kam ich automatisch in die Partei. Ich habe weder in Partei und SA noch in irgendeiner anderen NS-Organisation ein Amt übernommen oder irgendeine andere Funktion ausgeübt.

Während die Freiburger Kollegen, die mich aus der Zeit seit meiner Berufung 1944 kennen und unbelastet sind, geschlossen hinter mir stehen, brauche ich gerade für die Jahre 1937-44 Zeugen. Die Beschaffung dieser Erklärungen eilt nunmehr. Ich sehe mich daher genötigt, mit der obigen Bitte an sie heranzutreten. Ich hoffe, das auch andere unbelastete Mitarbeiter des KWI und vielleicht auch Herr Betz und Mitarbeiter sich anschließen werden. Das wäre für mich von größten Wert.

Entschuldigen Sie, dass ich sie mit diesen unerfreulichen Dingen belasten muss. Sie werden wissen, wie peinlich mir dies alles ist. Aber in der großen Sorge, die auf mir lastet, bleibt mir nichts anderes übrig. "

Am 20.11.1945 schreibt Prandtl an Görtler mit Adresse in Oberwolfach (siehe Abschnitt 8.9) [77] :

„Lieber Herr Görtler auf Veranlassung ihrer Gattin, die mich gestern Abend besuchte, schicke ich Ihnen hier eine Bekundung ihres Verhaltens in Göttingen, die ihnen bei ihren Bestrebungen, die Suspendierung rückgängig zu machen, dienen soll."

Prandtl schreibt schließlich die folgende „Gutachterliche Äußerung" über Görtler (siehe Abschnitt 8.9) [77]:

„Professor Görtler ist, wie mir gemeldet wurde, wegen seiner Parteizugehörigkeit vom Dienste suspendiert worden. Von 15. August 1937 bis zum 30. April 1944 war er ein führender Mitarbeiter des Kaiser-Wilhelm-Instituts für Strömungsforschung. Als der Leiter des Instituts hatte ich daher sehr viel Gelegenheit, ihn in seiner ganzen Art näher kennenzulernen. Unsere Gespräche waren niemals politischer Art gewesen und ich bin deshalb geneigt, ihn für einen unpolitischen Menschen zu halten, dem wissenschaftliche Arbeit das einzig Wichtige ist. Nach meinem Eindruck ist er in jungen Jahren in Gießen in die SA eingetreten und hat sich, wie ich höre, innerhalb der SA sportlich betätigt. Später wurde er dann zwangsweise in die Partei überführt.

Ich erwähne bei dieser Gelegenheit gerne, dass er dem Institut eine Reihe sehr wertvoller Arbeiten geliefert hat. Daneben war er Dozent für reine und angewandte Mathematik an der Universität und hat nach allem, was man darüber hörte, eine sehr erfolgreiche Lehrtätigkeit ausgeübt. Es liegt also im wohlverstandenen deutschen Interesse, ihn in seine Lehrtätigkeit an der Universität Freiburg i. Br. wieder einzusetzen, zumal nur wenige wirklich gute Vertreter seines Faches Angewandte Mathematik in Deutschland verfügbar sind."

Am 26.11.1945, also sechs Tage später, schickt Prandtl „Weitere Äußerungen aus dem Bereich des Kaiser-Wilhelm-Instituts für Strömungsforschung anlässlich der Suspendierung von Professor Dr. H. Görtler" (siehe Dokument 8.9) [77]:

> „Meine Eingabe vom 20 November d. J. betreffend die Wiedereinsetzung von Professor Dr. H. Görtler in seine Freiburger Professur lasse ich heute drei Äußerungen von früheren Göttinger Kollegen von Professor Görtler, sämtlich wissenschaftliche Mitarbeiter des Kaiser-Wilhelm-Instituts für Strömungsforschung, folgen. Die drei Äußerungen geben in sehr erwünschter Weise ein klares Bild über die wahre politische Einstellung von Dr. Görtler und machen es glaubhaft, dass er seinerzeit nur durch Druck seitens von Mitstudenten in die SA eingetreten ist, aus welcher Mitgliedschaft er dann später zwangsläufig Parteimitglied wurde.
>
> Dr. Rothstein: Ich kenne Dr. Görtler seit 1939 und habe mich oft mit ihm über politische Fragen unterhalten, vor allem seit ich vom Dezember 1940 an als Angehöriger des Kaiser-Wilhelm-Instituts täglich mit ihm dienstlich zu tun hatte. Niemals habe ich das Gefühl gehabt, ihm gegenüber vorsichtig sein zu müssen, obgleich ich häufig in aller Schärfe einen Standpunkt vertrat, der sich mit den damals herrschenden Ansichten nicht vereinigen ließ. Ich möchte hinzufügen, dass sich Dr. Görtler ohne Rücksicht auf die politische Überzeugung des Anderen, stets kameradschaftlich und hilfsbereit gezeigt hat.
>
> Dr. Wieghardt: Dr. Görtler lernte ich bei meiner Anstellung am KWI im August 1938 kennen. Mit ihm, und öfters zusammen mit seinem rumänischen Freund Dr. Dumitrescu, der in England und Frankreich studiert hatte und in Göttingen promovierte, hatten wir vor und während des Krieges oft politische Diskussionen, die mit einem wirklichen Nazi unmöglich gewesen wären. Aus diesen erwähnten Gründen gehörte Dr. Görtler zu den wenigen Parteimitgliedern, mit denen ich auch außerdienstlich, privat verkehrte.
>
> Dr. W. Prössel: Seit 1940 bin ich öfters dienstlich mit Professor Dr. Görtler zusammengekommen um mathematische Aufgaben zu besprechen. Ich habe ihn dabei als hilfsbereiten, charakterfesten und aufrichtigen Menschen kennen und schätzen gelernt. Er hat niemals versucht, mich als Nichtparteimitglied oder als Nichtangehöriger einer politischen Formation in politische Erörterungen zu ziehen oder politisch zu beeinflussen."

Die Zeit scheint knapp zu werden, sodass Süss am 28.11.1945 per Einschreiben einen Brief an Prandtl schickt (siehe Dokument 8.9) [77]:

> „Ihre gutachterliche Äußerung aus Anlass der Suspendierung unseres Kollegen Görtler ist gestern zusammen mit dem Gutachten des Kollegen Kaluza hier eingegangen. Der Untersuchungsausschuss der Universität, der sich einstimmig für Herrn Görtler erklärt hat, wird durch die von Ihnen abgegebene Erklärung nur bestärkt werden.
>
> Ihr Gutachten richtet sich, wie wir der Abfassung zu entnehmen glauben, unter Hervorhebung der deutschen Interessen an der Wiedereinsetzung von Herrn Görtler in sein Amt an die maßgebenden deutschen Stellen. Ich würde es für dringend ratsam halten – und dies ist der unmittelbare Anlass meines Schreibens – dass sie eine entsprechende Erklärung zur Verwendung bei der Militärregierung des Landes Baden, bei der die Entscheidung liegt, abgeben würden. Diese Erklärung müsste sich eindeutig darüber äußern, ob Herr Görtler sich aktiv im Sinne der NSDAP betätigt hat oder nicht. Wenn dies der Fall gewesen wäre, wäre Ihnen dies während der siebenjährigen Tätigkeit Görtlers als einer ihrer führenden Mitarbeiter gewiss nicht unbekannt geblieben. Wer Herrn Görtler kennt, wird ihrer sehr treffenden Bemerkung nur beipflichten können, dass er nur seine wissenschaftliche Arbeit gekannt hat.
>
> Herrn Görtler wird seine nominelle Mitgliedschaft zur Partei und hierzulande besonders zur SA zur Last gelegt. Er hat mir erklärt und wird mir auch nachweisen können, dass

sein Eintritt in die SA als junger Student unter dem Druck der Gießener Studentenführung erfolgte, nachdem er bis in den Sommer 1933 hinein Mitarbeiter und Doktorand des jüdischen theoretischen Physikers George Jaffé gewesen war. Nur so konnte er sein Studium fortsetzen. (Dass er an Veranstaltungen der SA nicht über das unbedingt Geforderte hinaus teilnahm, beweist schon die Tatsache, dass er den ‚Scharführer' nicht erreicht hat.[14] Seit 1939 war er, nachdem ihm der Austritt verweigert wurde, vollständig vom Dienst beurlaubt. Auch sportlich hat er sich nicht hervorgetan, was man ihrer Äußerung wird vielleicht entnehmen wollen. Er erklärt selbst, das ihm dazu jede Veranlassung fehlte, und dass er seine Teilnahme am Dienst in der SA stets zu mindestens als Zeitverschwendung ansah. Die lange Reihe seiner Publikationen beweist ja auch, dass er seine Zeit besser zu nutzen verstanden hat.)

Es scheint mir wesentlich zu sein, dass der Militärregierung gerade von ihnen als seinem langjährigen Chef und Lehrer die klare Bestätigung gegeben wird, dass Herr Görtler sich nicht aktiv für die NSDAP betätigt hat, wenn er zwangsweise der SA und 1937 dann automatisch der Partei zugeführt wurde, und dass er ferner, wie sie bereits erklärt haben, seiner ganzen Einstellung nach ein unpolitischer Mensch ist, dem wissenschaftliche Arbeit das einzig Wichtige ist.

Wenn Sie ein solches Schreiben wieder in einer kurzen Beurteilung seiner Leistungen in Forschung und Lehre ausklingen lassen, so würde dieses bei der Militärregierung wohl sicher von ganz besonderer Bedeutung für die zu treffende Entscheidung sein, und ich bin überzeugt, dass ihnen die gesamte Universität Freiburg mit mir dankbar sein wird für ihre Hilfe, uns Herrn Görtler als Kollegen zu erhalten."

Am 04.12.1945 dankt Görtler Prandtl für seine Unterstützung (siehe Dokument 8.9), [77]:

„Ich danke Ihnen aufrichtig für die Hilfe, die Sie mir durch Ihre gutachterliche Äußerung vom 20.11. in meiner Freiburger Angelegenheit haben zukommen lassen. Das Gutachten wurde sofort dem Untersuchungsausschuss der Universität zugeleitet. Dieser Ausschuss und alle anderen Stellen der Universität und des Ministeriums haben sich inzwischen sehr stark für mich eingesetzt. Nunmehr hat die Militärregierung eine Reihe von provisorischen Reintegrierungen innerhalb der Fakultät ausgesprochen. An der Spitze dieser Liste steht mein Name, unter den etwa 15 weiteren Namen folgen auch Hönel und unser Dozent Gericke, der noch vor dem Zusammenbruch vertretungsweise in Göttingen gelesen hat. Die ehemaligen Freiburger Rektoren erfahren offenbar eine besondere Behandlung, aber gestern erreichte uns die freudige Nachricht, daß unser verehrter und verdienter Herr Süss ebenfalls provisorisch reintegriert worden ist. Wir haben die Anweisung erhalten, mit der Wiederaufnahme der Vorlesungen in unserer Fakultät sofort zu beginnen. Zunächst scheitert dies allerdings daran, dass uns in den Trümmern unserer Institute ein einziger Hörsaal zur Verfügung steht. Ferner sind die beiden Vertreter der Experimentalphysik entlassen worden. Vertraulich kann ich ihnen mitteilen, dass hier bei den Vorschlägen der Name Molkwo gefallen ist.

Heute sind nun die Äußerungen der Herren Rothstein, Wieghardt und Prössel hier eingegangen. Ich gebe sie sofort an den Ausschuss weiter und bin Ihnen zu großem Dank verbunden, dass Sie diese Aktion für mich veranlasst haben. Ich werde den beteiligten Herren noch heute eigens schreiben.

Von Herrn Mandelbrojt-Paris habe ich inzwischen noch nichts gehört. Selbstverständlich werde ich wegen des Buches ‚Grenzschichtlehre' keine Abmachungen treffen, ohne mich vorher mit Herrn Mangler verständigt zu haben, auf dessen aktive Mitarbeit ich unbedingt rechne. Ich habe dies auch Herrn Mandelbrojt gegenüber betont. Leider hat Herr Mangler

[14] Nach eigener Auskunft in seinem Fragebogen war Görtler Rottenführer in der SA, s. o.

bisher erst sehr wenig zum Manuskript beisteuern können, aber vielleicht wird man ihn an der AVA jetzt die erforderliche Zeit einzuräumen bereit sein. ...“

Süss hatte Prandtl gebeten, nochmal ein Gutachten über Görtler direkt an die Militärregierung zu schicken. Prandtl kommt dieser Bitte in dem Brief vom 05.12.1945 (siehe Dokument 8.9), [77] nach:

„Ihr obiger Einschreibebrief ist gestern hier angekommen. Ich beeile mich, Ihren Wünschen zu entsprechen, und habe eine neue Auflage meines Gutachtens vom 20. November verfasst, in dem ich auch einige schriftliche Äußerungen von Mitarbeitern des Kaiser-Wilhelm-Instituts, die Herrn Görtler in der Zwischenzeit zugegangen sein werden, mit verwerten konnte. Ich erwähne, dass ich die Bemerkung über Görtlers sportliches Verhalten von Frau Görtler habe, die mir berichtete, dass er in Gießen das SA-Abzeichen erworben hätte. In der Vermutung, daß dies gar nicht so leicht zu erwerben sein würde, habe ich es als eine erwähnenswerte Tatsache angesehen. Da die Sache für die politische Anschauung nicht wesentlich ist, habe ich sie in dem neuen Schreiben herausgelassen. Ich habe das Schreiben nicht an die badische Militärregierung direkt gerichtet. Da Sie mir die Anschrift dieser Stelle nicht angegeben haben, vermute ich, dass ich das Schreiben Ihnen zuschicken soll.“

Dieses Schreiben (siehe Dokumente 8.9, 8.9) [77] hat Prandtl auch am 05.12.1945 abgeschickt:

„Wie mir gemeldet wurde ist Professor Görtler wegen seiner Parteizugehörigkeit vom Dienst suspendiert worden. Er war von August 1937 bis April 1944 wissenschaftlicher Mitarbeiter des Kaiser-Wilhelm-Instituts für Strömungsforschung. Aufgrund meines eigenen Eindrucks von ihm und von drei seiner engeren Mitarbeiter kann ich mit aller Bestimmtheit erklären, dass er kein aktiver Nationalsozialist war. Er ist ein durchaus unpolitischer Mensch, dem wissenschaftliche Arbeit das einzig Wichtige ist. Mitarbeiter heben von ihm hervor, dass man bei ihm nie das Gefühl gehabt habe, ihm gegenüber bei der Äußerung der eigenen politischen Ansicht irgendwie vorsichtig sein zu müssen, und dass häufig politische Diskussionen geführt worden wären, die mit einem wirklichen Nazi unmöglich gewesen wären. Irgendein Versuch, jemand anders politisch im Sinne des Nationalsozialismus zu beeinflussen, kam niemals vor. Die ganze Einstellung von Görtler kann dadurch gut verstanden werden, dass, wie mir von anderer Seite berichtet wird, er seinerzeit als Student nur aus einer Notlage heraus zur SA gegangen ist und von hier aus dann zwangsläufig nach einer gewissen Anzahl von Jahren in die Partei überführt worden ist. Alle befragten Mitarbeiter betonen seine Kameradschaftlichkeit, Hilfsbereitschaft und Charakterfestigkeit.

In meiner Eigenschaft als Direktor des Instituts erwähne ich noch, dass er dem Institut eine Reihe sehr wertvoller Arbeiten geliefert hat und dass er daneben an der Universität Göttingen als Dozent für reine und angewandte Mathematik sehr erfolgreich tätig war. Das Verlangen der Universität Freiburg, ihn wieder als Universitätslehrer zurückzuerhalten, ist, da es sich um eine wissenschaftlich äußerst wertvolle Persönlichkeit handelt, also vollauf gerechtfertigt.“

Rektor Janssen teilt in einem Brief vom 26.11.1945 [122] mit, dass Reintegrierungen ausgesprochen worden sind:

„Die Militärregierung hat mit Schreiben vom 22.11.1945 Nr.9528/868/EDU wie folgt geschrieben: Der Naturwissenschaftlichen Fakultät wird gestattet, ihre Tätigkeit wieder aufzunehmen. Ferner werden folgende provisorische Reintegrierungen ausgesprochen: Görtler,.....Gericke,..."

Schließlich wurde Görtler dann übernommen, allerdings mit 10 % Gehaltseinbußen (siehe Abschn. 8.10[15]) (genauso wie Heidegger). Die Zurückstufung trat dann mit Wirkung vom 05.04.1946 in Kraft (siehe Brief des Ministeriums für Kultus und Unterricht [122] vom 06.11.1946).

Bei der Berufung Görtlers nach Freiburg wurde ihm zugesichert, dass er zunächst außerordentlicher Professor und dann möglichst schnell zum ordentlichen Professor befördert wird. Da dieser Schritt lange auf sich warten ließ, entspannte sich darüber ein intensiver Schriftverkehr zwischen Görtler, dem Dekanat und Rektorat und der Landesregierung. In einem Brief des Ministeriums an das Rektorat vom 08.03.1948 [122] heißt es dazu:

„Dem außerordentlichen Professor Dr. Görtler ist im Verfahren der politischen Reinigung der Verwaltung eine Gehaltsminderung von 10 Prozent auferlegt worden. Nach einer Entscheidung des Staatskommissariats für politische Säuberung ist während der Vollstreckungsdauer einer ausgesprochenen Sühnemaßnahme eine Beförderung, Höherstufung und dergl. nicht möglich. Dem Antrag auf Ernennung des Professors Dr. Görtler zum persönlichen Ordinarius kann daher zur Zeit keine Folge gegeben werden."

Am 04.06.1948 teilt das Rektorat Görtler mit, dass die Vollstreckungsdauer der Sühnemaßnahme mit dem 04.04.1948 zu Ende gegangen ist und der Ernennung zum ordentlichen Professor in politischer Hinsicht keine Bedenken mehr entgegen stehen. Im Zusammenhang mit einer möglichen Berufung auf eine ordentliche Professur nach Hannover bittet der Dekan der Naturwissenschaftlich-Mathematischen Fakultät am 09.06.1948 das Badische Ministerium des Kultus und Unterrichts doch alles Mögliche zu tun, um Görtler für Freiburg zu erhalten. Eine Begründung lautet:

„... Prof. Görtler war die rechte Hand des Göttinger Prof. Prandtl. Wenn heute, wie die Zeitungen berichten, das erste Flugzeug mit Überschallgeschwindigkeit in Amerika geflogen ist, so ist das mit Görtlers Verdienst. Er ist von englisch sprechenden Fachgenossen nach 1945 mehrfach aufgesucht worden ..."

Am 15.06.1948 antwortet das Ministerium:

„Im Einvernehmen mit der französischen Militärregierung hat das Staatskommissariat für politische Säuberung entschieden, dass die Vollsteckungsfristen für die Sühnemassnahmen an dem Tage zu laufen beginnen, an dem die Sühne durchgeführt wird, bei Gehaltsabzügen also am Tage des Beginns des Abzuges. Eine Vorverlegung des Datums des Anfanges der Vollstreckungsfrist durch Zahlung des noch fehlenden Restbetrages ist nicht statthaft."

[15] Archiv der Universität Freiburg.

Die Fakultät hatte den Vorschlag einer Vorverlegung des Datums des Anfangs der Vollstreckungsfrist durch Zahlung des noch fehlenden Restbetrags vorgeschlagen. Zu dieser Zeit entspann sich auch eine rege Diskussion zwischen Fakultät, Rektorat und Ministerium über die Trennungsentschädigung für Görtler. Im Jahr 1948 zieht Görtler nach Freiburg um und er wird aufgefordert, die Trennungsentschädigung für die Monate April und Mai 1948 zurückzuzahlen. Dagegen legt Görtler Einspruch ein und bittet um Weiterzahlung der Trennungsentschädigung. Dafür bekommt er Unterstützung durch den Dekan der Fakultät Otto Koehler. Der schreibt in einem Brief vom 17.06.1948 an das Ministerium [123]

> „... gestatte ich mir, einen inzwischen in gleicher Sache eingegangenen Antrag Prof. Görtler auf Wiederauszahlung der Trennungsentschädigung in Urschrift zu überreichen und benutze die Gelegenheit, meine im Schreiben vom 9.6. geäusserten Bedenken gegen jene Massregel nochmals eindringlich zu wiederholen ....“

Koehler nennt diese Kürzung der Trennungsentschädigung ‚Massregel‘. Er hat sich auch durch Gespräche im Ministerium für Görtlers eingesetzt [123] :

> „In Sache Görtler durfte ich letzthin zweimal beim Ministerium persönlich vorsprechen und höre beim ersten Besuch Tadel seiner Haltung in der Nazizeit. Nach Erkundigung bei Seiner Magnifizenz, der sich des Reinigungsverfahrens noch recht gut erinnerte, Prof. Süss als Fachvertreter, Prof. Oehlkers, Prof. Pfannenstiel und weiteren Kollegen, die jahrelang mit Görtler zusammen gearbeitet haben, war schlechterdings nichts in dieser Hinsicht Bemerkenswertes festzustellen. Alle Genannten baten mich, unter allen Umständen zu erreichen, dass Görtler persönlicher Ordinarius wird und der Universität erhalten bleibt, trotz seiner Einladung nach Amerika und der sich abzeichnenden Aussicht auf ein Ordinariat in Hannover. Beim zweiten Besuch teilte ich dies mit und hörte neue Vorwürfe wegen Görtlers Haltung in der Zeit nach 1945. Auch diesen bin ich nachgegangen und habe abermals auch nicht das Geringste festgestellt, was in dieser Hinsicht anzuführen wäre. Prof. Oehlkers bat mich, nachdrücklich darauf hinzuweisen, dass Görtler allerdings lebhaft Fühlung mit Angehörigen der alliierten Mächte genommen habe, aber ganz gewiss zum Besten Deutschlands, insbesondere mit dem englischen Publizisten Viktor Golland (dieser Name ist in den Dokumenten handschriftlich ergänzt und nicht genau zu entziffern), der den Mut fand, die Massnahmen der englischen Besatzungsbehörde in Wort und Schrift in seinem Heimatlande aufs schärfste zu kritisieren.“

Über die Details dieser Kontakte Görtlers sind keine Dokumente bekannt. Koehler erwähnt noch einen dritten Vorwurf, der gegen Görtler erhoben wird:

> „... er kümmere sich nicht um Zuweisung einer Wohnung [in Freiburg], dazu der mündliche, er wohne in Oberwolfach und verabsäume hier seinen Dienst, läse zu Stunden, die den Studenten unbequem seien ...“

Koehler weist diesen Vorwurf zurück und führt weiter aus:

> „Es ist ein denkbar ungünstiges Zusammentreffen, dass in dem Augenblick, wo wir Görtler versprochen haben, alles Mögliche zu tun, um ihn zum persönlichen Ordinarius zu machen, ihm die Trennungsentschädigung entzogen wurde. ...“

Es gibt ungefähr ein Jahr später auch einen regen Schriftverkehr (Briefe am 14.01.1949, 28.01.1949, 01.02.1949, 03.02.1949) zwischen Fakultät und Ministerium in der Sache Beförderung Görtlers zum ordentlichen Professor (persönlichen Ordinarius).

Am 09.05.1949 teilt der Kommissar der Republik Délégué pur le GM de Bade dem Ministerium mit, dass er gegen die Beförderung von Görtler zum ordentlichen Professor nichts einzuwenden habe. Am 23.06.1949 ist es dann schließlich soweit. Görtler wird zum ordentlichen Professor befördert.

Die Ernennung Görtlers hat dann lange auf sich warten lassen. Erst in einem Brief vom 12.07.1954 teilt das Ministerium Görtler mit, dass er mit Wirkung vom 01.07.1954 zum ordentlichen Professor ernannt worden ist.

Damit hatte Görtler den Titel, aber die Stelle war immer noch ein Extraordinariat. Er war natürlich daran interessiert, dass dieses Extraordinariat in ein planmäßiges Ordinariat angehoben wurde. Im Herbst 1952 hat Görtler Berufungen auf Ordinariate an den technischen Hochschulen Hannover und Karlsruhe abgelehnt. Im Rahmen von Bleibeverhandlungen hat man ihm zugesagt, dass das Extraordinariat in ein planmäßiges Ordinariat für Angewandte Mathematik umgewandelt wird. In der Folge gibt es einen intensiven Schriftverkehr zwischen Görtler, dem Ministerium, der Universität und der Fakultät, um diese Umwandlung endlich zu vollziehen. Mit Brief vom 10.07.1953 teilt ihm das Kultministerium Baden-Württemberg mit, dass die zugesagte Umwandlung nach Verabschiedung des Haushaltsplans 1953 erfolgen soll. Mit Brief vom 08.07.1954, also zwei Jahre nach der Zusage, beschwert sich Görtler beim Ministerium, und fragt warum die Umwandlung seines Lehrstuhls noch nicht erfolgt ist. Am 12.07.1954 teilt ihm dann das Kultministerium Baden-Württemberg mit, dass er zum 01.07.1954 zum ordentlichen Professor an der Universität Freiburg ernannt wird. Gemeint ist aber damit die Anhebung des Extraordinariats auf ein planmäßiges Ordinariat. Dies ist etwas verwirrend, da Görtler ja bereits 1949 der Titel eines ordentlichen Professors verliehen worden ist. [122]

5.3 FIAT

Nach dem Zweiten Weltkrieg haben die Militärregierungen der britischen, französischen und amerikanischen Besatzungszone ein gemeinsam publiziertes Werk FIAT (Field Informationen Agency, Technical) über die Forschungsergebnisse und Fortschritte deutscher Wissenschaftler in Biologie, Chemie, Mathematik, Medizin, Physik und Geowissenschaften in der Zeit von Mai 1939 bis Mai 1945 herausgegeben. In zwei der FIAT-Bände ging es um die „mathematische Strömungsforschung als einem in dieser Zeit stark geförderten Zweig der Mathematik“. Das Thema Turbulenz wurde in zwei FIAT-Bänden abgehandelt: In dem Band über Hydrodynamik und Aerodynamik von Prandtl und im Band über Angewandte Mathematik von Görtler. Der FIAT-Band über Reine Mathematik wurde übrigens von Süss herausgegeben [81].

5.4 Briefwechsel zwischen Görtler und Prandtl

5.4.1 Görtler erinnert Prandtl an ein Versprechen

In einem Brief vom 16.08.1950 Henry Görtlers an Prandtl bringt Görtler eine zurückliegende Aussage Prandtls diesem sehr eindringlich, aber sehr diplomatisch, „zart fühlend" und geschickt formuliert, in Erinnerung. Prandtl hatte Görtler, als dieser ihn im Krankenhaus in Göttingen besucht hatte, wohl angeboten, Görtler zu einem „auswärtigen Mitglied" bei der anstehenden Jubiläumsfeier des Instituts für Strömungsforschung zu ernennen, dann aber doch andere Wissenschaftler ernannt und Görtler nicht. In dem Brief vom 16.08.1950[16] heißt es dazu:

> „Erlauben Sie mir bitte, lieber und hochverehrter Herr Prandtl, eine Bemerkung zu machen, die Sie nicht in Verlegenheit setzen soll, sondern im Gegenteil eine eventuelle Verlegenheit beseitigen soll. Als ich von den Ernennungen zu auswärtigen Mitgliedern des Instituts für Strömungsforschung las, erinnerte ich mich eines Gesprächs mit Ihnen, als ich Sie nach Kriegsende im Krankenhaus in Göttingen besuchte. Damals erzählten Sie mir von der Einrichtung der „auswärtigen Mitglieder", von der das Institut noch keinen Gebrauch gemacht habe, und Sie boten mir von sich aus an, dass ich bei der Jubiläumsfeier zu einem auswärtigen Mitglied ernannt werde. Das hat mich damals sehr geehrt, denn an eine solche Auszeichnung hatte ich nie gedacht. Da Sie, wieder von sich aus, später einmal an diese Absicht erinnerten, blieb sie auch in meiner Erinnerung haften. Nun aber sehe ich, welchen ausgezeichneten Forschern sie diese Ehrung zuteil werden liessen, und ich könnte mir denken, dass Ihr früherer auf mich bezüglicher Plan Ihnen dabei etwas peinlich war. Deswegen beeile ich mich zu betonen, dass ich es durchaus verstehe, dass Sie bessere Namen zu repräsentieren hatten, und ich möchte Sie bitten, jene damals in Aussicht gestellte Ernennung, meiner Person mit meinem vollen Verständnis vergessen zu wollen. Bitte verstehen Sie diese Zeilen nicht anders als in diesem Sinne. Ich möchte nicht, dass sich irgendein Missverständnis einschleicht."

Prandtl hatte offenbar ein schlechtes Gewissen und antwortet Görtler am 01.09.1950 auf seine obigen Bemerkungen.

> „... Mit einem gewissen Zögern habe ich den Brief geöffnet, da ich mich doch in der Angelegenheit meines früheren Versprechens Ihnen gegenüber, das ich durchaus nicht vergessen habe, etwas bedrückt fühle. Sie haben aber eine so zartfühlende Art gefunden, die mir schon lange Ihnen gegenüber peinliche Angelegenheit offen mit mir zu erörtern, dass ich Ihnen den ganzen Hergang der Sache auseinandersetzen möchte, damit Sie in der Sache völlig klar sehen.
>
> Als ich daran ging, mir eine Liste zu machen, wer alles an diesem Tag geehrt werden könnte, da fand ich zunächst, dass Ackeret und Busemann, die auch beim Aufbau des Instituts vor 25 Jahren mit dabei waren und die ja auch sonst sich seither einen bedeutenden Namen gemacht haben, voranstehen müssten. Ich hatte mir vorgenommen, in zweiter Linie Sie und auch Herrn Schulz-Grunow dazuzunehmen, der ja auch verschiedene recht originelle Arbeiten, zum Teil auch konstruktiver Art, beigetragen hat. Es muss in der Zwischenzeit irgend etwas im weiteren Kreise der Max-Planck-Institute passiert sein, was ich selbst nicht weiss, dass man offenbar an manchen Stellen wissenschaftliche Mitglieder am laufenden Band beantragt und bewilligt bekommen hat. Jedenfalls sagte mir unser Präsident Professor

[16] Archiv der Max-Planck-Gesellschaft, Signatur: AMPG III, Abt., Rep 203, Nr. 4, Bd. 1 von 3.

Hahn, als ich bei ihm vorsprach, dass man sich in solchen Vorschlägen aufs Äusserste zurückhalten müsste und war erst wenig bereit, meinen Wünschen entgegenzukommen. Vielleicht wäre es nicht nötig gewesen, aber ich hatte jedenfalls den Eindruck, dass ich mir selbst Zurückhaltung auferlegen müsste, um nicht die ganzen Anträge zu gefährden. Dies scheint nun aber Gegenwirkungen hervorgerufen zu haben. Wir hatten noch Anträge auf zwei in Göttingen tätige „wissenschaftliche Mitglieder“ für die Herren Tollmien und Vogelpohl in Aussicht genommen. ... “

In dem Brief vom 24.09.1950 [76] bedankt sich Görtler ausdrücklich bei Prandtl für dessen Darlegung der Gesichtspunkte bei den Ernennungen zu „Wissenschaftlichen Mitgliedern“ des Instituts für Strömungsforschung. Er selbst gehört zu diesem Zeitpunkt nicht zu den Wissenschaftlichen Mitgliedern, gibt Prandtl aber deutlich, verkleidet in umständlichen und bittstellerischen Formulierungen, zu verstehen, dass er auch gerne dazu gehören würde:

„Diese [meine] Dankbarkeit bezieht sich darauf, dass Sie mir mit diesem Brief wieder rückhaltloses Vertrauen schenkten. Dies ist mir von grösserem Wert als jede Auszeichnung. Sie wissen ja auch, dass ich die von Ihnen getroffene Personenwahl von vornherein nur begrüssen konnte. Wenn Sie darüberhinaus Ihre Hoffnung ausdrücken, dass noch eine Gelegenheit kommt, auch mir diese Auszeichnung zuteil werden zu lassen, so kann ich mich nur beeilen, Sie zu bitten, doch darüber keine Gedanken zu verlieren.“

Görtler hatte viele Angebote auf Professorenstellen im In- und Ausland. Kurz nachdem Görtler den Ruf nach Freiburg angenommen hatte, wurde ihm im Herbst 1944 die Nachfolge des Lehrstuhls Sauer in Karlsruhe angeboten. In einem Brief an Prandtl, in dem er von dem Angebot aus Karlsruhe berichtet, schreibt Görtler:

„Dieser kleine Bericht zeigt, dass es offenbar wenige Vertreter der angewandten Mathematik in Deutschland gibt, die für Berufungen diskutiert werden.“

Er war auch darauf bedacht, möglichen Gutachtern, die in den Görtler betreffenden Berufungsverfahren über ihn urteilen würden, im Vorhinein seine Absichten zu bekunden. In diesem Brief [76] an Prandtl vom 01.07.1951[17] erwähnt er eine vertrauliche Mitteilung, die er in Karlsruhe erhalten hat:

„Es wird Ihnen bekannt sein, dass sich bereits die Nachfolge Pöschl am Horizont abzuzeichnen beginnt, insbesondere da die Vorlesungslasten Herrn Pöschl, angesichts seines angegriffenen Gesundheitszustands, zuviel geworden sind. Die vertrauliche Mitteilung besteht darin, dass man auch in diesem Zusammenhang meinen Namen bereits diskutiert hat. Offenbar haben meine Karlsruher Vorlesungen (bei denen ich zu meiner Freude Pöschl, Barth, Dickmann und Kollegen der Mathematik neben den Studenten als regelmässige Hörer habe) gefallen (und nicht nur mir selbst Freude gemacht). ... Inzwischen hat mich die gemachte Andeutung zu einigem Nachdenken veranlasst. Ein Lehrstuhl für Angewandte Mathematik und Mechanik mit zugehörigem Institut an einer Technischen Hochschule wäre geradezu das Ziel meiner Wünsche. Seit ich die technische Mechanik bei Herrn Föppl in München hörte, habe ich zwar ausschliesslich Mathematik und Strömungsforschung getrieben, aber ich bin

[17] Archiv der Max-Planck-Gesellschaft, Signatur: AMPG III, Abt., Rep 203, Nr. 4, Bd. 1 von 3.

meinen Neigungen nach doch so sehr mit der Mechanik verwachsen, dass ich mit grösster Freude in ein Lehramt, wie das von Pöschl, hineinwachsen würde. Dies wollt ich Ihnen auch gleich vertraulich mitteilen für den Fall, dass zu gegebener Zeit aus Karlsruhe eine diesbezügliche Frage an Sie gerichtet werden sollte. Das ich an eine technische Hochschule strebe, wissen Sie ja. Daher werde ich auch gegebenenfalls einen Ruf aus Aachen sehr ernsthaft erwägen. ... Allein in den beiden letzten Wochen sind wieder zwei amerikanische Kollegen mit Angeboten bei mir gewesen, aber Sie wissen, ich will in Deutschland bleiben."

5.4.2 Henry oder Heinrich

Prandtl hatte sich mal gefragt, ob Görtler den Vornamen Henry oder Heinrich trägt und hat Görtler mal diese Frage gestellt. Daraufhin antwortet Görtler in einem Brief an Prandtl, Oberwolfach, 18.09.1947 [76]:

Lieber Herr Prandtl,

„Als ich eben zur Feder griff, um den beiliegenden Brief zu unterschreiben, fiel mir ein, dass ich eine Frage Ihres Briefes unbeantwortet gelassen habe: „Warum heißen sie neuerdings Henry? Ich finde Heinrich sehr schön!" Auf diese freundliche „Pflaume" muss ich auf einem besonderen Blatt eingehen.

Ich heiße nach dem Willen meiner Eltern und laut Geburts- und Taufurkunde, sowie laut amtlicher Kennkarte Joseph Henry. Man ruft mich in Familie und Freundeskreis stets und ausschließlich Henry. (Um ganz gewissenhaft zu sein, muss ich meiner Frau hier einige Ausnahmen einräumen.)

Der Name Heinrich wurde mir als Abiturient von einem Schuldirektor mit Verdeutschungsfimmel angehängt. Mein Abiturzeugnis war die Unterlage für mein Universitätsstudium. So wanderte auch der Heinrich durch meine Zeugnisse und Akten. Ich hatte nichts dagegen und ich habe auch heute nichts dagegen. Ich gebe allerdings zu, dass ich Heinrich nicht schön finde. Hieße ich Louis, so würde ich allerdings Ludwig vorziehen. Nun zeichnet sich die Zeit in der wir heute leben durch eine besondere Intensität der Aktenschnüffelei aus. So kam auch der Heinrich-Henry zur Sprache. Es wurde mir nahegelegt, mich mit dem mir laut Geburtsurkunde amtlich zugeordneten und durch Kennkarte bestätigten Namen Henry zu begnügen. Universität und Ministerium haben den Fall in ihren Akten bereinigt. Auch das britische Konsulat ist zufrieden gestellt. Ich sehe ein, dass dadurch Nachforschungen und Verbuchungen in zahllosen neuen Karteien vereinfacht werden. Nur wenn man mich nun manchmal Josef nennt, werde ich böse.

Im übrigen ist mir die Sache recht wurscht. Es würde mich nur kränken, wenn der neu entstandene Henry zu Missdeutungen Anlass gibt, etwa als zeitgemäße Gleichschaltung oder Anbiederung. Ich bin in Deutschland geblieben obgleich das National Research Council Canadas für den Fall meiner Rückkehr bestimmte wohlmeinende Absichten durch einen Abgesandten hat mitteilen lassen. Noch sehe ich meine Aufgabe in Deutschland. Wenn ich dies noch besonders erhärten soll, so weise ich auf meine Kommentare zur deutschen Lage hin, die der kanadische Rundfunk in seinen Kurzwellensendungen verbreitet. Eine der verschiedenen Möglichkeiten mit einigem Wirkungsgrad um zu meinem Teil den Schaden, den der Krieg in der Welt verursacht hat, beheben zu helfen. Vielleicht haben Sie Gelegenheit, diese Sendungen auf Welle 16,84 oder 19,58 zu hören.

Stets der ihre Henry Görtler"

5.5 Görtler als Professor der Universität Freiburg

Nach dem Krieg, nachdem Görtler übernommen worden war, begann er mit dem Aufbau des Instituts für Angewandte Mathematik und war gleich 1950/51 Dekan der damaligen Mathematisch-Naturwissenschaftlichen Fakultät[18]. Er hat sich auch in der Gesellschaft für Angewandte Mathematik und Mechanik (GAMM) engagiert und wurde schon 1950, wohl auf Vorschlag von Prandtl, zu deren Geschäftsführer und von 1955 bis 1958 dann zu deren Vorsitzenden gewählt. In dieser Zeit hat Görtler die Zusammenarbeit mit dem Deutsch-Französischen Forschungsinstitut Saint-Louis begonnen.

5.5.1 Zusammenarbeit mit dem Deutsch-Französischen Forschungsinstitut Saint-Louis

Die Zusammenarbeit mit dem Deutsch-Französischen Forschungsinstitut Saint-Louis basierte insbesondere auf den Kontakten mit Fromme und entwickelte sich zu einer Arbeitsgemeinschaft zwischen Freiburg und St. Louis. Dazu lesen wir in [78], [109]:

> „Der Lebenslauf berichtet, daß Theodor Fromme am 11. September 1908 geboren wurde und 1926 in die Staatliche Fachschule für Optiker in Jena eintrat. Er legte die Gesellen- und die Meisterprüfung für das Optikerhandwerk ab und die Prüfung als staatlich approbierter Augenoptiker. 1930 trat er als wissenschaftlicher Mitarbeiter bei der Firma Carl Zeiss in Jena ein. An der Universität Jena begann er 1935 mit dem Studium der Mathematik und Physik, wechselte 1938 an die Universität Berlin und arbeitete während der Semesterferien im Labor für Optik der Firma Siemens & Halske in Berlin auf dem Gebiet der Elektronenoptik. Bei Ausbruch des Krieges wurde er zur Wehrmacht eingezogen, erhielt aber für zwei Semester Studienurlaub und wurde 1941 ganz freigestellt, um im ‚Ballistischen Institut' der 1935 gegründeten ‚Technischen Akademie der Luftwaffe', in Berlin-Gatow zu arbeiten. Leiter dieses, von Carl Cranz bereits 1903 gegründeten Instituts war Professor Hubert Schardin[19]. Das Institut wurde vor Kriegsende nach Biberach in Württemberg verlagert, wo es von französischen Truppen ‚erbeutet' und nach Kriegsende kurz hinter der französischen Grenze in Saint-Louis, im Elsaß[20] wieder angesiedelt worden ist.
>
> Die Themen des Forschungsinstituts sind bereichsübergreifende Forschungsarbeiten zur künftigen Ausrüstung der Streitkräfte. Aufgabe des ISL ist es, technische Innovationen in den Bereichen Verteidigung und Sicherheit zu entwickeln. Die Forschungsarbeiten erfolgen in verschiedenen Fachbereichen und mit unterschiedlichen Technologie-Reifegraden: von der Grundlagenforschung bis zur Entwicklung von vorindustriellen Prototypen, die in operative Ausrüstungen integriert werden können.
>
> Die Arbeiten des Instituts konzentrieren sich v.a. auf zwei Aspekte:

[18] Weitere Zeiten als Dekan: 1956/57, 1957/58 [121].

[19] Hubert Schardin, 1902–1965, Direktor des deutsch-französischen Forschungsinstituts (ISL) in Saint-Louis sowie Gründer und Leiter des Fraunhofer-Instituts für Kurzzeitdynamik -- Ernst-Mach-Institut (EMI) — in Freiburg im Breisgau.

[20] Vorort von Basel, hinter der französischen Grenze und nicht weit von Freiburg.

Die Wirkung von gerichteter Energie präzise zu steuern und zu kontrollieren, den Schutz der Soldaten im Einsatz zu verbessern und das Kosten-Nutzen-Verhältnis zu optimieren. Das Institut wurde als ‚Laboratoire des Recherches Techniques' neu aufgebaut. Mit Schardin ging auch Fromme an das deutsch-französische Institut, das personell mit dem Institut[21] [22] für Mathematik der Universität Freiburg unter Professor Henry Görtler verbunden war.

Der Freiburger Mathematiker Theodor Fromme entwickelte 1953 ein eigenwilliges, ganz auf einen einfachen und billigen, aber möglichst vielseitig nutzbaren Hardware-Aufbau abzielendes Konzept einer Rechenmaschine mit der Bezeichnung MINIMA. Sein Konzept orientierte sich an dem des niederländischen Ingenieurs W. L. van der Poel. Frommes Fragestellung lautete: „Wie baut man eine einfache und preiswerte Maschine, die mit angemessener Rechengeschwindigkeit mathematische Programme, die für Probleme an der Universität Freiburg anfallen, ausführt?" Welche Art von Rechenaufgaben dort anfielen, lässt sich daraus schließen, dass der Institutschef, Henry Görtler, Spezialist für Gasdynamik war und sein Institut in Personalunion mit dem französischen Rüstungsforschungs-Institut in St. Louis betrieb [118].

Fromme war als wissenschaftlicher Mitarbeiter an beiden Stellen tätig. In Saint Louis waren auch Robert Sauer und Hans Pösch, die während des Krieges einen Analogrechner entworfen hatten, der bei Askania gebaut worden und 1943 den Bomben zum Opfer gefallen war. Während Sauer bald an die Technische Hochschule München berufen wurde, wandte Pösch sein Interesse nunmehr dem neuen Gebiet der programmgesteuerten Rechenanlagen zu und erregte das Interesse Frommes. Pösch berichtete bereits 1947 auf einer Mathematikertagung in Karlsruhe über die internationale Entwicklung und stellte die ENIAC vor. Unter maßgeblicher Beteiligung von Pösch und Fromme entstand am Institut von Görtler eine ‚Arbeitsgemeinschaft über Programmsteuerungen bei Rechenanlagen'. [86]. ... Am Ende kam, durch den segensreichen Einfluß von Fritz-Rudolf Güntsch in Berlin, eine nicht-ganz-Minima, die Röhrenmaschine Z22, heraus. Für ihr Befehlssystem, das weithin unter dem Namen ‚Freiburger Code' bekannt war, war weitgehend Fromme verantwortlich. Er hatte zunächst an der Universität Freiburg im Breisgau unter Professor Görtler Vorlesungen im Rahmen der Arbeitsgemeinschaft mit Pösch gehalten, war dann für Zuse beratend tätig geworden und wechselte 1957 ganz zur Zuse K.G. als wissenschaftlicher Leiter."

In Wikipedia findet man noch folgende interessante Informationen über das Institut in Saint Louis.

Das Institut, das heute rund 400 Mitarbeiter beschäftigt, verfügt über Fachwissen in den Bereichen Detonik, Ballistik, Hochgeschwindigkeitsmessung, Sensoren, Akustik, Laser, Nanopartikel und improvisierten Sprengvorrichtungen. Es ist Inhaber zahlreicher Patente und vergibt weltweit Lizenzen. Gegründet wurde es – in seiner binationalen Form – über ein deutsch-französisches Abkommen, das am 31. März 1958 unterzeichnet und am 17. Juni 1959 ratifiziert wurde.

Gegen Ende des Zweiten Weltkrieges im Frühjahr 1945 stieg bei den Siegermächten das Interesse, sich das Wissen deutscher Wissenschaftler zu Nutze zu machen und diese für die eigenen Regierungen forschen zu lassen. Frankreich fokussierte sich besonders auf die deutschen Ballistiker aus dem Forschungsinstitut der Technischen Akademie der Luftwaffe im süddeutschen Biberach an der Riß (ursprünglich in Berlin, während des Krieges ausgelagert) unter der Leitung von Hubert Schardin. Dieser hatte sich in den Jahren zuvor als Doktorand bei Carl Cranz umfangreiche Kenntnisse im Bereich der Kurzzeitphysik angeeignet. 1945 galten Schardin und sein Mitarbeiterstab mit dem Wissen über das Erfassen

[21] Informatik-Spektrum 27 (2004), 181–185.

[22] W. Händler (ed.), Beiheft 1, Elektronische Datenverarbeitung, Braunschweig 1962.

schneller Vorgänge durch Fotografie und Kinematographie mit Hilfe elektrischer Funken sowie der Entwicklung der Sprengstoffhohlladung als weltweit führend.

Als im April 1945 französische Truppen unter Kommandant Lutz in Biberach einrückten, war zunächst nur vorgesehen, die Apparate und technischen Gegenstände aus dem deutschen Institut zu beschlagnahmen, allen voran die Funkenzeitlupenkamera, das wichtigste Messinstrument der deutschen Ballistiker. In den folgenden Tagen gelangte auch das amerikanische Militär unter der Leitung von Colonel Leslie E. Simon vom Ballistic Research Laboratory, Aberdeen Proving Ground, zu Schardins Labor. Er bot ihm und sieben seiner Mitarbeiter an, sich sofort in den USA niederzulassen, um dort forschend tätig zu werden. Schardin lehnte zunächst ab, weil er seine Forschungsgruppe nicht zersplittern wollte. Als die französischen Verantwortlichen von dem Interesse der Amerikaner an Schardins Gruppe erfuhren, machten auch sie ihm am 1. Juni 1945 das Angebot, für die französische Regierung in dem Laboratoire Central de l'Armement (LCA) in Versailles bei Paris zu arbeiten. Schardin, zehn seiner Mitarbeiter und mehrere Hilfskräfte nahmen an.

Eine Ansiedlung deutscher Wissenschaftler in Paris wurde allerdings – weniger als ein Jahr nach dem Abzug der deutschen Besatzungstruppen aus der französischen Hauptstadt – von der französischen Regierung als politisch bedenklich angesehen. Deshalb sollte der künftige Forschungssitz für die deutschen Ballistiker weit weg von Paris verlegt werden. Daraufhin wurden im elsässischen Saint-Louis, im Dreiländereck Deutschland/Frankreich/Schweiz, ein ehemaliges Fabrikgelände als Forschungssitz ausgewählt und ein Labor errichtet. Am 1. August 1945, zwölf Wochen nach der Kapitulation Deutschlands, begannen 32 deutsche Wissenschaftler in dem Institut in Saint-Louis für die französische Regierung zu arbeiten. Direktor des Instituts wurde der französische General Robert Cassagnou. Aus den damaligen Arbeitsverträgen mit den deutschen Wissenschaftlern geht hervor, dass die französische Regierung hauptsächlich daran interessiert war, das Know-how der deutschen Forscher ausschließlich für die eigene nationale Entwicklung in der Ballistik zu nutzen.

„Was die wissenschaftlichen Ergebnisse betrifft, so ist es völlig unerheblich, wo wir arbeiten, wenn wir nur die Möglichkeit und die Mittel bekommen. Es gibt weder eine speziell deutsche Physik, noch eine speziell französische"

Schardin und die weiteren deutschen Wissenschaftler zogen im Sommer 1945 mit ihren Familien in das dem Institut nahe gelegene deutsche Weil am Rhein. Der etwa 20-minütige Transport von der deutschen Seite zum Arbeitsort in Frankreich wurde mit einem verplombten Bus ermöglicht. Die plötzliche Aufnahme der deutschen Wissenschaftler in Weil am Rhein wurde in der Gemeinde zunächst skeptisch beurteilt, da sie den bis dahin knappen Wohnraum beanspruchten, doppelte Nahrungsrationen bekamen und in französischen Läden (wo es ein breiteres Warenangebot als auf dem freien Markt gab) einkaufen konnten; sie erweckten dadurch den Eindruck einer geschlossenen Gesellschaft.

Obwohl das Institut am Standort Saint-Louis zunächst nur als Provisorium gedacht war, wurden die Forschungstätigkeiten dort in den folgenden Jahren immer weiter ausgebaut, und es etablierte sich aufgrund der hohen Qualität der Arbeiten und der Motivation der Mitarbeiter und führte zu weiteren Investitionen.

Zu den deutschen Wissenschaftlern in den Anfangsjahren des Instituts gehörten unter anderem Hugo Neuert, Ewald Fünfer, Richard Emil Kutterer, Robert Sauer und Theodor Fromme. Ihnen bot sich im Elsass zu diesem Zeitpunkt die Möglichkeit, auf kernphysikalischem Gebiet zu arbeiten; in Deutschland waren vergleichbare Forschungseinrichtungen bis 1955 verboten.

In „Geschichten der Informatik: Visionen, Paradigmen, Leitmotive" [87] heißt es:

„Fromme und Poesch hatten mit dem Leiter des mathematischen Instituts an der Freiburger Universität, Henry Görtler, eine ‚Arbeitsgemeinschaft für Rechenmaschinen' organisiert, in der man die Entwicklung der Computertechnik verfolgte und sich auch um eine eigene Maschine für die zukünftigen Forschungsarbeiten des Instituts bemühte. Bei der Suche nach einer Möglichkeit zur technischen Realisierung hatten sie in Zuse den fachkundigen Industriellen gefunden. Die holländische Post hatte die Fertigung der ebenfalls aus der ZERO-Idee entstandenen ABC-Maschine abgelehnt und so hatte Görtler in Freiburg die Finanzierung des Baus der ABC-Maschine durch die Zuse KG bei der DFG beantragt. Die Kommission für Rechner-Anlagen der DFG hielt sich jedoch zurück. Jetzt erwies sich die fehlende Erfahrung der Zuse KG auf dem Gebiet der Elektronik als entscheidendes Hindernis ... Wie Görtler bemühte sich auch dessen Fachkollege Haack [in Berlin] jahrelang um einen funktionierenden Computer für sein Institut. 1954 war es ihm nicht gelungen, die in Zürich freiwerdende Z4 zu bekommen, obwohl er im damaligen West-Berlin stark dafür mobilisiert hatte."

Im Jahr 1950 hat Görtler eine Reise mit Studenten durch die Schweiz gemacht und einen Tag an der ETH Zürich verbracht. Dort wurde ihm die programmgesteuerte Großrechenmaschine von Zuse vorgestellt und er war davon sehr beeindruckt (siehe Brief vom 24.09.1950, von Görtler an Prandtl,[23]).

Im Jahr 1958 wurde dann die erste große Rechenanlage im Institutsviertel der Universität Freiburg installiert. Am 15.01.1959 berichtete die Badische Zeitung:

„Im Dachgeschoss des wiederaufgebauten Institutsgebäudes Hebelstr. 40 [in Freiburg] steht seit einigen Wochen eine elektronische Rechenanlage, wie es sonst keine von dieser Grösse und Leistungsfähigkeit in Freiburg und Südbaden gibt. Die Deutsche Forschungsgemeinschaft hat diese Anlage im Universitätsinstitut für angewandte Mathematik bereitgestellt, damit sie bei der Bewältigung langwieriger und schwieriger mathematischer [und] Rechenoperationen behilflich sei. Solche Operationen fallen neuerdings bei der naturwissenschaftlich-technischen Forschungsarbeit an."

5.5.2 Ein neuer Kollege und das Institut für Angewandte Mathematik und Mechanik der DFVLR

Am 01.04.1957 wurde das Institut für Angewandte Mathematik und Mechanik der Deutschen Forschungs- und Versuchsanstalt für Luft- und Raumfahrt durch Görtler in Freiburg gegründet.

„The ‚Institut für Angewandte Mathematik und Mechanik' of the DFVLR at the Universitat Freiburg i. Br. is engaged in fundamental research above all in the field of fluid mechanics of viscous flows. Methods for the computation of laminar and turbulent, incompressible and compressible boundary layers are developed which, for technical applications, take into account real gas-effects and the phenomena of heat and mass transfer. In this connection, the break-up of droplets due to aerodynamic or thermochemical forces and the rain erosion are studied. The stability of laminar flows of viscous fluids and the pre-stages of turbulence are investigated theoretically as well as experimentally. Studies of flow in rotating systems are again under way. [16]"

[23] Archiv der Max-Planck-Gesellschaft Berlin, Hauptabteilung III, Laufzeit 1947–1953, Repositur 61, Blattzahl 16, Bestell-Nr.: 542.

Abb. 5.1 Joachim Nitsche, Autor: Konrad Jacobs. Quelle: Bildarchiv des Mathematischen Forschungsinstituts Oberwolfach

Im Rahmen dieses Instituts hat Görtler auch einen Wasserkanal betrieben.[24]

Im Jahr 1958 wurde die angewandte Mathematik an der Universität Freiburg durch die Berufung des angewandten Mathematikers Nitsche verstärkt und Nitsche wurde außerplanmäßiger Professor in Freiburg, wo er von 1962 bis zu seiner Emeritierung 1991 den Lehrstuhl für Angewandte Mathematik innehatte. In den Jahren 1971/72 war er Dekan der Mathematischen Fakultät (Abb. 5.1).[25]

5.5.3 Institut für Mathematische Mechanik der Universität

Mit dem Brief vom 20.02.1973 beantragt Görtler (siehe Abschnitt 8.11) beim Kultusministerium des Landes Baden-Württemberg neue Sachmittel. Zur Begründung gibt er an, dass das von ihm geleitete Institut für Angewandte Mathematik und Mechanik der deutschen Forschungs- und Versuchsanstalt für Luft- und Raumfahrt e.V. aufgelöst werden soll und ein Institut für Mathematische Mechanik der Albert-Ludwigs-Universität gegründet werden soll.

[24] Anfang der 2000er-Jahre habe ich mit einem Kollegen versucht, den Wasserkanal zu finden. Er war aber zu dieser Zeit bereits abgebaut.

[25] Nach dem Wehrdienst im Zweiten Weltkrieg und Kriegsgefangenschaft machte er 1946 das Abitur in Bischofswerda und studierte ab 1947 Mathematik an der Universität Göttingen, wo er sein Diplom bei Franz Rellich erhielt. Im Jahr 1951 wurde er bei Wolfgang Haack an der TU Berlin promoviert.[1] Zwei Jahre später habilitierte er sich 1953 an der TU Berlin mit der Arbeit ‚Randwertprobleme für die Einbettung und Verbiegung positiv gekrümmter berandeter Flächenstücke' und wurde 1955 Dozent an der FU Berlin. Im Jahr 1957 ging er zu IBM in Böblingen, wo er sein Forschungsgebiet zur numerischen Mathematik verlagerte. Er wurde berühmt insbesondere durch die L^{∞}-Abschätzungen für Finite Elemente und durch den Nitsche-Trick.

> „Das Institut für Angewandte Mathematik und Mechanik der deutschen Forschungs- und Versuchsanstalt für Luft- und Raumfahrt hat im Verlaufe seines Bestehens eine umfangreiche Bibliothek erworben. Diese Bibliothek und das Inventar des Instituts werden dem neu zu gründenden Institut übereignet. Für die Fortsetzung der laufenden Beschaffung von Zeitschriftenbänden und einschlägiger Buchliteratur sowie für die laufenden Unkosten des Instituts sind Mittel in der oben genannten Höhe [40.000 DM] erforderlich."

Dieser Antrag an das Kultusministerium wird noch mit dem Absender ‚Institut für Angewandte Mathematik der Albert-Ludwigs-Universität' gestellt, andererseits gibt es Briefe, auch vom 20.02.1973, die unter dem Absender Universität Freiburg im Breisgau, Institut für Mathematische Mechanik geschrieben werden. Es gibt dann mehrere Anträge mit dem Absender „Institut für Mathematische Mechanik" auf Stellen für dieses Institut. Zur Gründung dieses Instituts ist es aber (wohl) nicht gekommen.

Im Jahr 1976 wurde ein dritter angewandter Mathematiker, Karl Nickel, an die Fakultät berufen (Abb. 5.2).[26]

5.5.4 Wie blickt Görtler in den 1970er-Jahren auf die NS-Zeit zurück?

Im Jahre 1972 wurde die GAMM 50 Jahre alt, Görtler war Vorsitzender der Wissenschaftlichen Gesellschaft in Freiburg und Präsident von IUTAM. Gericke[27] hatte die Aufgabe übernommen, anlässlich dieses Jubiläums die Geschichte der GAMM

[26] Nickel studierte nach Kriegsdienst im Zweiten Weltkrieg und Kriegsgefangenschaft Physik und Mathematik in Göttingen und Tübingen mit dem Mathematikdiplom 1948 und wurde 1949 an der Eberhard-Karls-Universität Tübingen bei Hellmuth Kneser promoviert (Lösung eines speziellen Minimumproblems). Danach war er Assistent in Tübingen und 1950/51 an der Universität Stuttgart. Von 1951 bis 1955 war er in der Flugzeugentwicklung in Córdoba in Argentinien tätig und danach an der TU Braunschweig und der Universität Karlsruhe, an der er sich 1958 habilitierte (Thema: Einige Eigenschaften von Lösungen der Prandtlschen Grenzschicht-Differentialgleichungen). Im Jahr 1961 wurde er außerordentlicher und 1962 ordentlicher Professor für Numerische Mathematik und Großrechenanlagen und Direktor des Instituts für Angewandte Mathematik in Karlsruhe. Schon 1958 gab er in Karlsruhe Kurse in Informatik und war in Karlsruhe 1968 Gründungsdirektor des Instituts für Informatik. Ab 1976 war er Direktor des Instituts für Angewandte Mathematik an der Albert-Ludwigs-Universität Freiburg. Im Jahr 1989 wurde er emeritiert. Ab den 1960er-Jahren gründete er eine Schule für Intervallarithmetik in Karlsruhe und später in Freiburg, womit er in Deutschland mit den Schulen von Fritz Krückeberg in Bonn und Ulrich Kulisch in Karlsruhe führend war.

[27] Wikipedia: Von 1926 bis 1931 studierte Helmuth Gericke die Fächer Physik und Mathematik an den Universitäten von Greifswald, Marburg und Göttingen. Im Jahre 1931 erlangte er die Promotion mit dem Thema „Über den Volta-Effekt". Im Jahre 1934 wurde er bei Wilhelm Süss in Freiburg im Breisgau Assistent. Bei ihm errang er auch im Jahre 1941 die Habilitation über eine Arbeit zur Reinen Mathematik. Nach 1945 half er Süss, das Mathematische Forschungsinstitut Oberwolfach weiter zu betreiben. Sein Interesse an der Geschichte der Mathematik wurde durch die Arbeiten von Joseph Ehrenfried Hofmann geweckt, dem er in Oberwolfach in den Jahren 1945 und 1946 begegnet war. In Freiburg begann er 1947, Vorlesungen über Themen zur Geschichte der Mathematik

Abb. 5.2 Karl Nickel Autor: Konrad Jacobs. Quelle: Bildarchiv des Mathematischen Forschungsinstituts Oberwolfach

zu schreiben und hat Görtler einen Entwurf zum Lesen geschickt. Görtler befasst sich ausführlich mit dem Entwurf und antwortet Gericke am 04.01.1972 mit einem ausführlichen Brief (siehe Abb. 5.3, 5.4, 5.5).[28]. Die zentrale Stelle in diesem Brief lautet:

> „In aller Welt sind Prandtl, Grammel und die anderen führenden Vertreter der GAMM als aufrechte Männer bekannt die sich in dieser Zeit [NS-Zeit] hervorragend bewährt haben. Damit also in ihrer Darstellung kein falscher Schwerpunkt gesetzt wird, werde ich in meinen beiliegenden Bemerkungen zu ihrem Manuskript hier drastische Kürzungen vorschlagen.“

5.5.5 Görtler und das MFO

Nachdem Görtler 1944 einen Ruf nach Freiburg erhalten und angenommen hatte, musste er den Umzug von Göttingen nach Freiburg organisieren. Das war zu dieser Zeit gar nicht so einfach. Die damalige Situation ergibt sich aus einem Brief von

---

abzuhalten. Dort erhielt er auch eine Unterstützung durch Heinrich Behnke, die es ihm ermöglichte, seine Arbeiten zu veröffentlichen.

[28] Jason Lemberg von der Universität Wuppertal hat mich auf diesen Brief aus dem Zentralarchiv des Deutschen Zentrums für Luft- und Raumfahrt hingewiesen. Entsprechend der Erlaubnis der Leiterin des Zentralen Archivs des Deutschen Zentrums für Luft- und Raumfahrt, Jessika Wichner, hat Jason Lemberg die ihm übermittelten Digitalseiten mit mir zum Zweck meiner Arbeit zu Görtler geteilt: https://uni-wuppertal.sciebo.de/s/1UOqJji8zVEPlUH. Das obige Zitat stammt aus dem Brief Görtler an Gericke, 04.01.1972, GAMM-13, 100f.

INSTITUT FÜR ANGEWANDTE MATHEMATIK
DER
ALBERT-LUDWIGS-UNIVERSITÄT

Direktoren: Prof. Dr. H. Görtler
Prof. Dr. J. Nitsche

78 FREIBURG I. BR., den 4.1.1972
Hebelstraße 40
Telefon 4 66 01 / 02
Gö/Te.
2385

Herrn
Professor Dr. H. GERICKE
8033 Planegg b.München
Mathildenstr. 18 d

Lieber Herr Gericke,

Endlich konnte ich mich Ihrem Manuskript über die Geschichte der GAMM mit aller Sorgfalt zuwenden. Ich fing gestern abend um 10 Uhr damit an und war dann so gefesselt, dass ich bis heute morgen um 5 Uhr durchhielt, um in einem Zuge das ganze Manuskript zu lesen.

Abb. 5.3 Brief von Görtler an Gericke, Teil1

Was Sie über die Entstehungsgeschichte der GAMM ausgegraben haben und so geschickt darbieten, hat mich besonders gepackt und mein eigenes Wissen wesentlich ergänzt und korrigiert.

Ebenfalls ist Ihre Darstellung des Wiederaufbaues der GAMM nach 1945 sehr fesselnd und für mich geradezu dramatisch, da ich hier voll im Bilde bin. Ich kann nur bestätigen, dass Ihre Darstellung voll zutreffend ist und dass Sie die Ereignisse historisch sehr schön ausgebreitet haben.

Die GAMM in der Hitler-Zeit 1933 - 1945 zu beschreiben, ist schwer. Die GAMM und ihre massgebenden Männer waren von Anfang an insbesondere auch in dieser gefährlichen Zeit ausgesprochen unpolitisch. Sie haben sich trotzdem gewiss mit Geschick allen politischen Anschlägen gegenüber zu bewahren gewusst. Es würde aber die Akzente falsch setzen und nach einem bei der GAMM nicht vorhandenen Bedarf an "Vergangenheitsbewältigung" aussehen, wollte man die damaligen gewiss mutigen Manöver gegenüber dem Ansinnen der NS-Partei so ausführlich

Abb. 5.4 Brief von Görtler an Gericke, Teil2

darstellen, wie Sie das getan haben. In aller Welt sind PRANDTL, GRAMMEL und die anderen führenden Vertreter der GAMM als aufrechte Männer bekannt, die sich in dieser Zeit hervorragend bewährt haben. Damit also in Ihrer Darstellung kein falscher Schwerpunkt gesetzt wird, werde ich in meinen beiliegenden Bemerkungen zu Ihrem Manuskript hier drastische Kürzungen vorschlagen.

Selbstverständlich bleibt das Material, das ich zu streichen vorschlagen werde, für eine spätere Biographie von Ludwig PRANDTL, etwa zu seinem 100. Geburtstag, von höchstem Wert. Hier sollte man zu gegebener Zeit dieses Material veröffentlichen.

Abb. 5.5 Brief von Görtler an Gericke, Teil3

Görtler an Süss[29], den wir schon in Abschnitt 4 zitiert haben.

Görtler war zunächst außerordentlicher[30] und ab 1949 bis zu seiner Emeritierung 1975 ordentlicher Professor in Freiburg [99], [108]. Außerdem gehörte er 1959 zu den Mitbegründern der Gesellschaft für mathematische Forschung [101] am Mathematischen Forschungsinstitut in Oberwolfach (MFO).

In seinem Grußwort zum 60-jährigen Jubiläum des Mathematischen Forschungsinstituts in Oberwolfach bemerkt Hirzebruch [103], dass es Ende 1958 zu einer Diskussion über den Standort des Instituts gekommen ist. Göttingen wurde als Alternative genannt und man war der Meinung, dass die Frage des Ortes in einem größeren Kreis diskutiert werden müsse.

> „Eine Gruppe von etwa 15 Mathematikern soll noch zu einer Besprechung zusammen gebeten werden. ... Vom 11. März bis 13. März 1959 trafen sich dann in Oberwolfach die 14 Mathematiker: Baer, Behnke, Bol, Gericke, Görtler, Hirzebruch, Kneser, Köthe, Maak, Claus Müller, Roquette, Sperner, Stein und Weise. Die Teilnehmer kamen zu der Auffassung, dass die derzeitige Situation in der Mathematik im Vergleich mit der Entwicklung im Ausland und vergleichbaren Verhältnissen in anderen Disziplinen die Schaffung einer Institution auf Bundesebene erforderlich macht, die sich der folgenden Aufgaben annimmt: Intensivierung der mathematischen Forschung, Verstärkung der wissenschaftlichen Zusammenarbeit, Fortbildung junger Forscher. Hierzu erscheint den Anwesenden die Gründung einer Gesellschaft für mathematische Forschung (e.V.) mit dem Sitz am Mathematischen Forschungsinstitut Oberwolfach geeignet. ... Am 17. Juni 1959 ab 16:15 Uhr fand im Mathematischen Institut in Freiburg die formelle Gründungsversammlung der Gesellschaft für mathematische Forschung statt. Anwesend waren die acht Mathematiker Baer, Bol, Gericke, Görtler, Kneser, Köthe, C. Müller, Th. Schneider.“

[29] Brief von Görtler an Süss, 11.10.1944, Archiv der Universität Freiburg.

[30] Görtler wurde zum außerordentlichen Professor am 30.01.1945 ernannt. Ab 01.04.1944 hat er den Lehrstuhl für Angewandte Mathematik an der Universität in Freiburg vertreten [120].

Auch war Görtler gleich von Anfang an Mitglied des Wissenschftlichen Beirats des Mathematischen Forschungsinstitut Oberwolfach.[31]

Der erste Eintrag von Görtler im Vortragsbuch in Oberwolfach datiert vom 21.02.1945, also noch während des zweiten Weltkriegs. Insgesamt befinden sich Einträge von Görtler im Ersten Vortragsbuch auf fünf verschiedenen Seiten (Abb. 5.6, 5.7, 5.8, 5.9 und 5.10).

Alle Vorträge auf der Seite „Vortragsbuch ab 11.01.1945“ sind noch vor dem Kriegsende (08.05.1945) gehalten worden und sind eindeutig der Grundlagenforschung zuzuordnen. Sie enthalten keine Bezüge zur Kriegsforschung.

Für das erste Jahr nach der Gründung des Instituts dokumentiert das Vortragsbuch des MFO neben Einzelvorträgen Zeiträume konzentrierter Aktivität mit mehreren Referaten zu einem Thema. Beispiele sind die Vortragsreihe von Wilhelm Maak zur Projektiven Differentialgeometrie (29.09.–03.10.1944 und 09.10.–11.10.1944 oder die Beiträge von Henry Görtler, Wilhelm Maak und Charles Pisot (Ecole Polytechnique Paris, Mitglied von Bourbaki) zu den sogenannten „Grenzschichtkolloquien (21.02.–08.03.1945, siehe Vortragsbuch ab 11.01.1945). Das MFO war gegen Ende des Krieges auch Zufluchtsort für viele Mathematiker, wie etwa der Aufenthalt von Vietoris im Dezember 1944 zeigt. Er hatte wohl aufgrund stark zunehmender Bombenangriffe auf seine Heimatstadt Innsbruck im Herbst 1944 in Oberwolfach Schutz gesucht . Charles Pisot war in Freiburg in den letzten Kriegsjahren neben der akademischen Lehre auch mit der Erledigung von durch Süss vermittelten Kriegsforschungsaufträgen für das Reichsluftfahrtministerium befasst. [99]

In einem Brief vom 23.02.1957 (siehe Abschnitt 8.5.4) an Süss bringt Görtler, als Präsident der GAMM, seine Freude zum Ausdruck, „dass Aussicht besteht, das MFO aus der bisherigen finanziellen Misere herauszuführen und ihm (dem MFO) die volle Verwirklichung seiner hohen Zielsetzung und seiner außergewöhnlichen Aufgaben zu ermöglichen.“ Im weiteren Verlauf des Briefes lobt Görtler die Arbeit, die Süss für das Institut geleistet hat.

5.5.6 Arbeitsgruppe von Görtler in Freiburg

Durch den Aufbau des Instituts für Angewandte Mathematik und Gründung des Instituts für Angewandte Mathematik und Mechanik der Deutschen Versuchsanstalt für Luft- und Raumfahrt konnte Görtler einen Kreis von Doktoranden und Postdocs um sich sammeln und an die aktuellen Probleme der mathematischen Strömungsforschung heranführen. Eine Reihe seiner damaligen Mitarbeiter wurden später auf Professuren berufen und haben die problemorientierte Auffassung von Angewandter Mathematik Görtlers weitergegeben und trugen so zu deren Bedeutung bei. Er

[31] Mitglieder des ersten wissenschaftlichen Beirats des MFO: Reinhold Baer, Heinrich Behnke, Gerrit Bol, Helmuth Gericke, Henry Görtler, Friedrich Hirzebruch, Hellmuth Kneser, Gottfried Köthe, Wilhelm Maak, Claus Müller, Peter Roquette, Theodor Schneider, Emanuel Sperner, Karl Stein und Karl-Heinrich Weise [102].

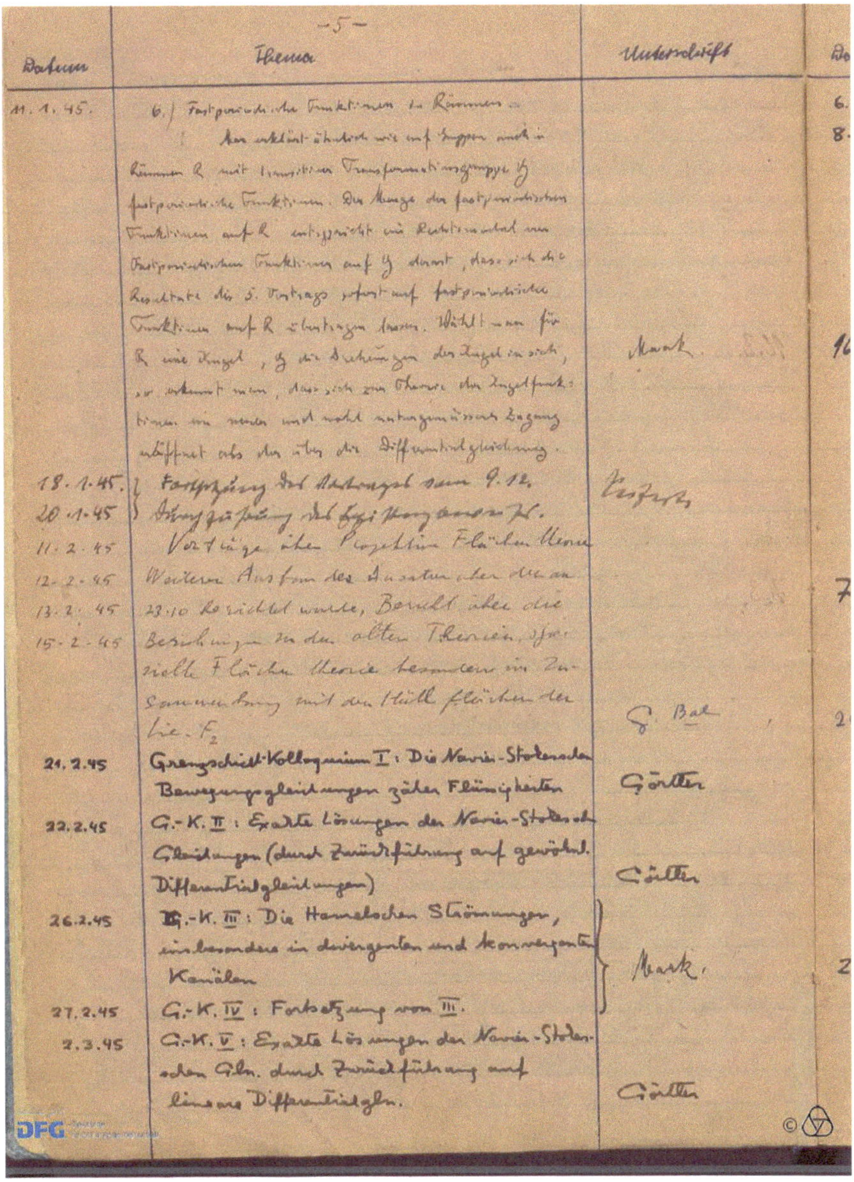

–5–

Datum	Thema	Unterschrift
11.1.45.	6.) Fastperiodische Funktionen in Räumen. Man erklärt ähnlich wie auf Gruppen auch in Räumen R mit transitiver Transformationsgruppe G fastperiodische Funktionen. Die Menge der fastperiodischen Funktionen auf R entspricht [illegible] von fastperiodischen Funktionen auf G derart, dass sich die Resultate des 5. Vortrags sofort auf fastperiodische Funktionen auf R übertragen lassen. Wählt man für R eine Kugel, G die Drehungen der Kugel in sich, so erkennt man, dass sich zur Theorie der Kugelfunktionen ein neuer und wohl naturgemässerer Zugang eröffnet als der über die Differentialgleichung.	Maak
18.1.45. 20.1.45	Fortsetzung des Vortrages vom 9.12. [illegible]	Seifert
11.2.45 12.2.45 13.2.45 15.2.45	Vorträge über Projektive Flächentheorie. Weiteren Ausbau der Ansätze, über die am 23.10 berichtet wurde, Bericht über die Beziehungen zu den alten Theorien, spezielle Flächentheorie besonders im Zusammenhang mit den Hüllflächen der Lie-F_2	G. Bol
21.2.45	Grenzschicht-Kolloquium I: Die Navier-Stokesschen Bewegungsgleichungen zäher Flüssigkeiten	Görtler
22.2.45	G.-K. II: Exakte Lösungen der Navier-Stokesschen Gleichungen (durch Zurückführung auf gewöhnl. Differentialgleichungen)	Görtler
26.2.45	G.-K. III: Die Hamelschen Strömungen, insbesondere in divergenten und konvergenten Kanälen	Maak
27.2.45	G.-K. IV: Fortsetzung von III.	Maak
2.3.45	G.-K. V: Exakte Lösungen der Navier-Stokesschen Gln. durch Zurückführung auf lineare Differentialgln.	Görtler

Abb. 5.6 Vortragsbuch Oberwolfach ab 11.01.1945

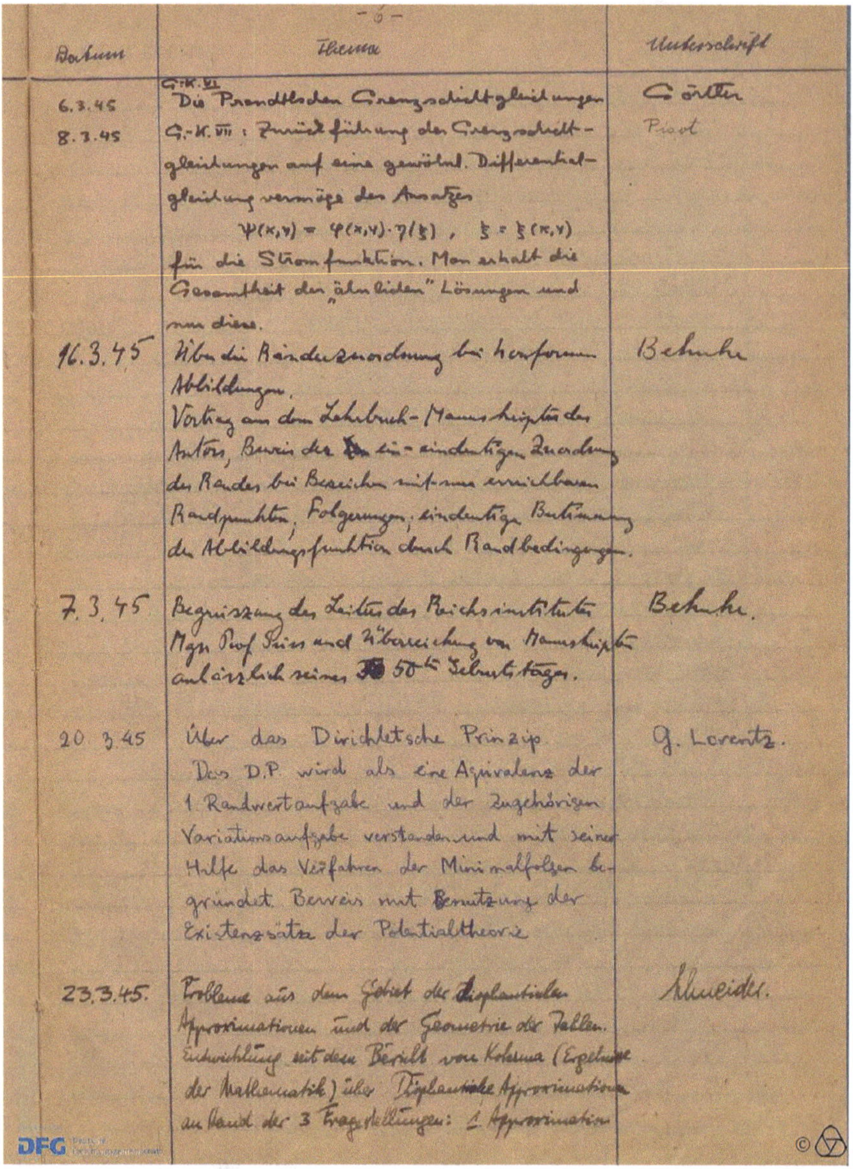
– 6 –

Datum	Thema	Unterschrift
6.3.45	G.-K. VI: Die Prandtlschen Grenzschichtgleichungen	Görtler
8.3.45	G.-K. VII: Zurückführung der Grenzschichtgleichungen auf eine gewöhnl. Differentialgleichung vermöge des Ansatzes $\psi(x,y) = \varphi(x,y)\cdot\eta(\xi)$, $\xi = \xi(x,y)$ für die Stromfunktion. Man erhält die Gesamtheit der „ähnlichen" Lösungen und nur diese.	
16.3.45	Über die Randerzuordnung bei konformen Abbildungen. Vortrag aus dem Lehrbuch-Manuskript des Autors, Beweis der ein-eindeutigen Zuordnung des Randes bei Bereichen mit nur erreichbaren Randpunkten; Folgerungen; eindeutige Bestimmung der Abbildungsfunktion durch Randbedingungen.	Behnke
7.3.45	Begrüssung des Leiters des Reichsinstituts Magn. Prof. Süss und Überreichung von Manuskripten anlässlich seines 50ten Geburtstages.	Behnke.
20.3.45	Über das Dirichletsche Prinzip. Das D.P. wird als eine Äquivalenz der 1. Randwertaufgabe und der zugehörigen Variationsaufgabe verstanden und mit seiner Hilfe das Verfahren der Minimalfolgen begründet. Beweis mit Benutzung der Existenzsätze der Potentialtheorie.	G. Lorentz.
23.3.45	Probleme aus dem Gebiet der diophantischen Approximationen und der Geometrie der Zahlen. Entwicklung seit dem Bericht von Koksma (Ergebnisse der Mathematik) über Diophantische Approximationen an Hand der 3 Fragestellungen: 1. Approximation	Schneider.

Abb. 5.7 Vortragsbuch Oberwolfach ab 06.03.1945

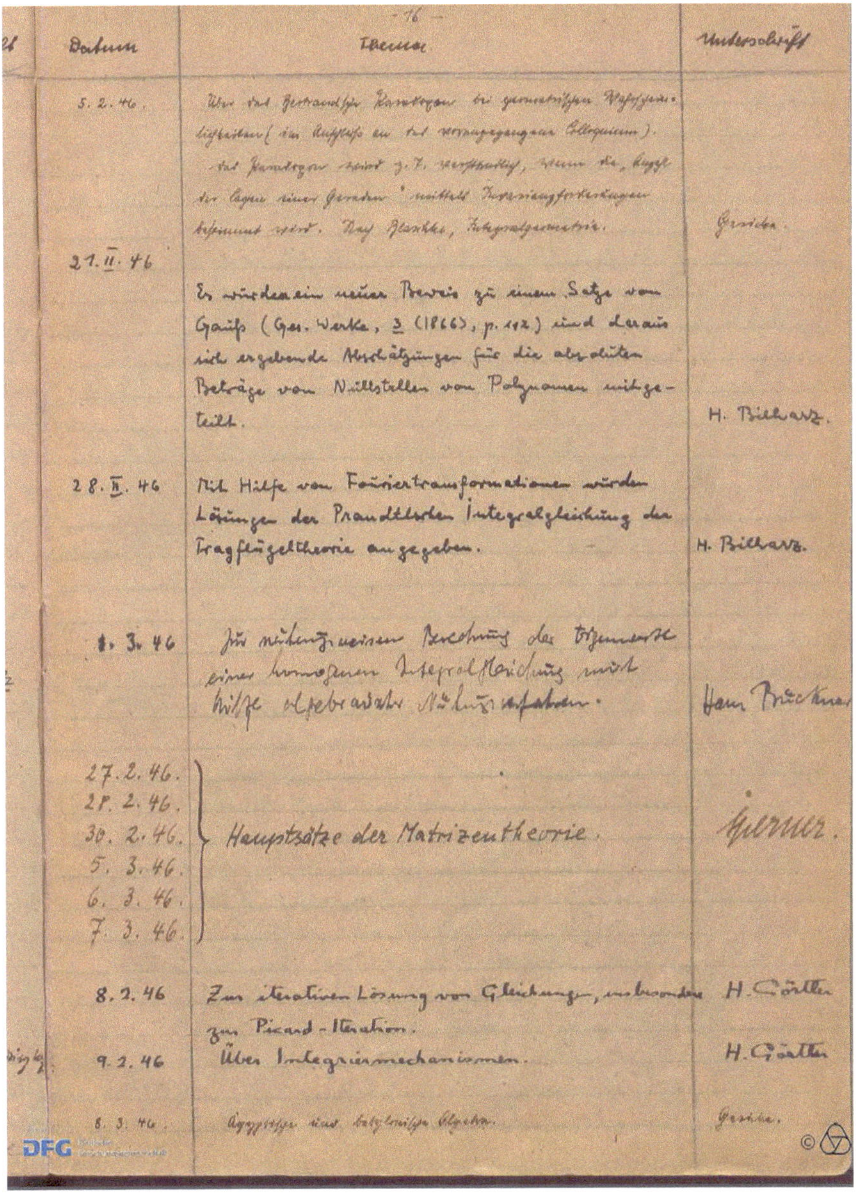

– 16 –

Datum	Thema	Unterschrift
5. 2. 46.	Über das Bertrandsche Paradoxon bei geometrischen Wahrscheinlichkeiten (im Anschluß an das vorangegangene Colloquium). Das Paradoxon wird z.T. verständlich, wenn die Menge der Lagen einer Geraden mittels Invarianzforderungen bestimmt wird. Vgl. Blaschke, Integralgeometrie.	Gericke.
27. II. 46	Es wurden ein neuer Beweis zu einem Satze von Gauß (Ges. Werke, 3 (1866), p. 112) und daraus sich ergebende Abschätzungen für die absoluten Beträge von Nullstellen von Polynomen mitgeteilt.	H. Billharz.
28. II. 46	Mit Hilfe von Fouriertransformationen wurden Lösungen der Prandtlschen Integralgleichung der Tragflügeltheorie angegeben.	H. Billharz.
1. 3. 46	Zur näherungsweisen Berechnung der Eigenwerte einer homogenen Integralgleichung mit Hilfe algebraischer Näherungsverfahren.	Hans Bückner
27. 2. 46. 28. 2. 46. 30. 2. 46. 5. 3. 46. 6. 3. 46. 7. 3. 46.	Hauptsätze der Matrizentheorie.	[illegible]
8. 2. 46	Zur iterativen Lösung von Gleichungen, insbesondere zur Picard-Iteration.	H. Görtler
9. 2. 46	Über Integriermechanismen.	H. Görtler
8. 3. 46.	Ägyptische und babylonische Algebra.	Gericke.

Abb. 5.8 Vortragsbuch Oberwolfach ab 05.02.1946

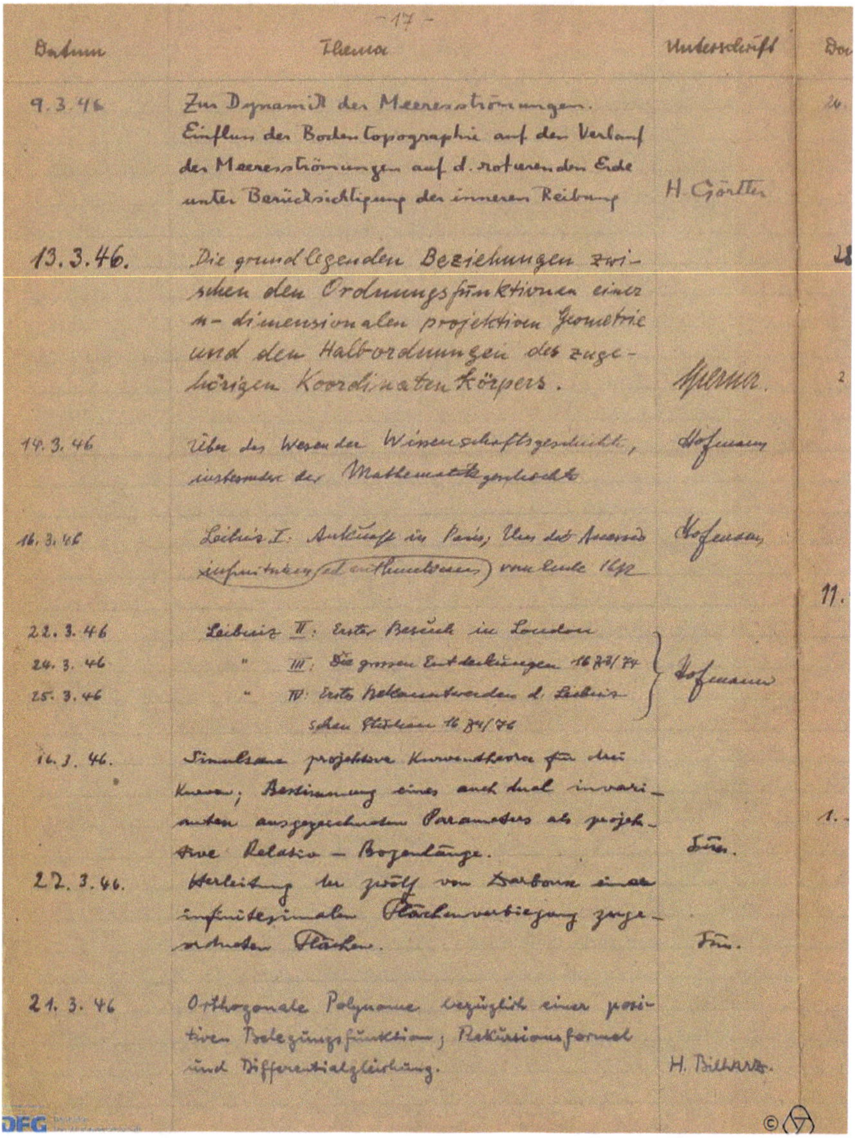

– 17 –

Datum	Thema	Unterschrift
9.3.46	Zur Dynamik der Meeresströmungen. Einfluss der Bodentopographie auf den Verlauf der Meeresströmungen auf d. rotierenden Erde unter Berücksichtigung der inneren Reibung	H. Görtler
13.3.46.	Die grundlegenden Beziehungen zwischen den Ordnungsfunktionen einer n-dimensionalen projektiven Geometrie und den Halbordnungen des zugehörigen Koordinatenkörpers.	Sperner.
14.3.46	Über das Wesen der Wissenschaftsgeschichte, insbesondere der Mathematikgeschichte	Hofmann
16.3.46	Leibniz I: Ankunft in Paris; Über das [illegible] infinitesimalen (et [illegible]) von Ende 1672	Hofmann
22.3.46	Leibniz II: Erster Besuch in London	Hofmann
24.3.46	" III: Die grossen Entdeckungen 1673/74	
25.3.46	" IV: Erstes Bekanntwerden d. Leibnizschen Studien 1674/76	
16.3.46.	Simultane projektive Kurventheorie für drei Kurven; Bestimmung eines auch dual invarianten ausgezeichneten Parameters als projektive Relativ-Bogenlänge.	Süss.
22.3.46.	Herleitung der zwölf von Darboux einer infinitesimalen Flächenverbiegung zugeordneten Flächen.	Süss.
21.3.46	Orthogonale Polynome bezüglich einer positiven Belegungsfunktion; Rekursionsformel und Differentialgleichung.	H. Bilharz.

Abb. 5.9 Vortragsbuch Oberwolfach ab 09.03.1946

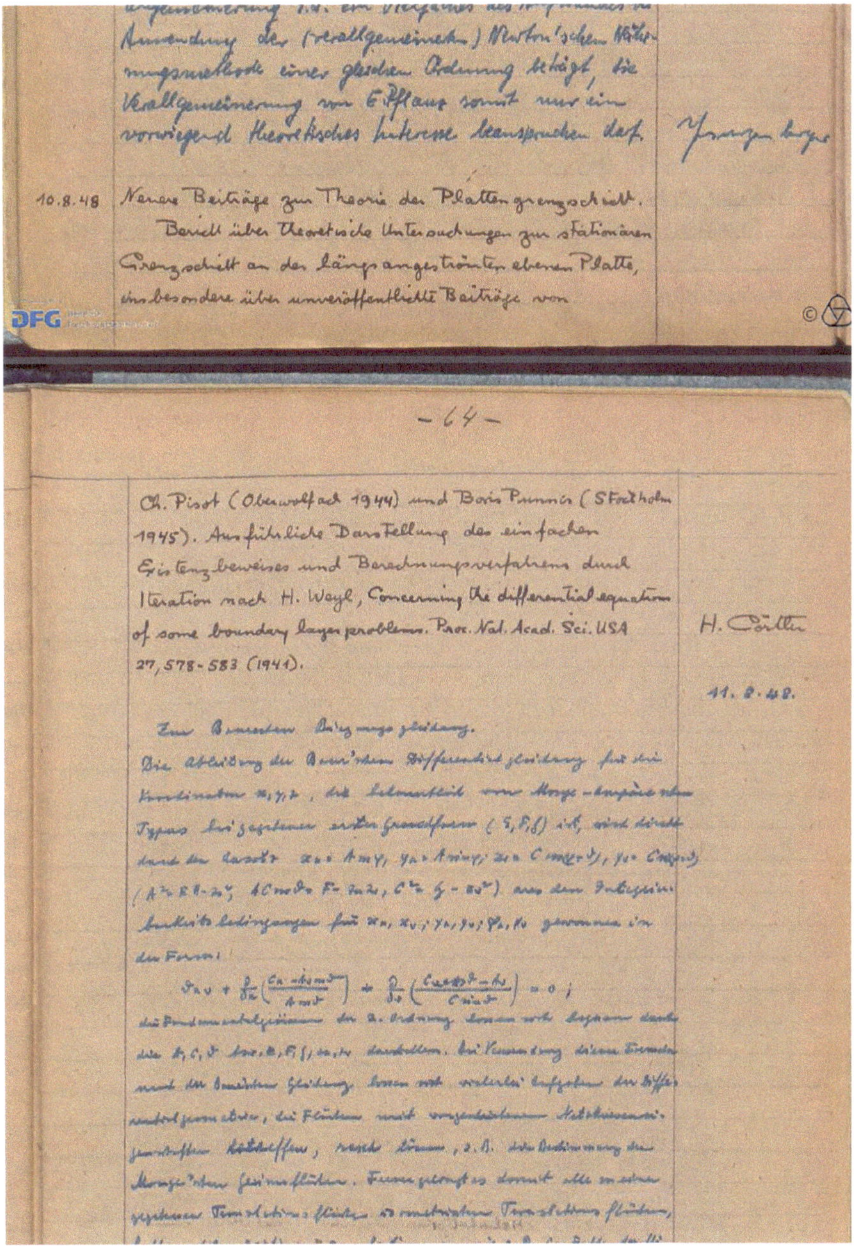

Anwendung der (verallgemeinerten) Newton'schen Näherungsmethode einer gleichen Ordnung beträgt, die Verallgemeinerung von E. Pflaum somit nur ein vorwiegend theoretisches Interesse beanspruchen darf.

10.8.48 Neuere Beiträge zur Theorie der Plattengrenzschicht.
Bericht über theoretische Untersuchungen zur stationären Grenzschicht an der längs angeströmten ebenen Platte, insbesondere über unveröffentlichte Beiträge von

– 64 –

Ch. Pisot (Oberwolfach 1944) und Boris Punnis (Stockholm 1945). Ausführliche Darstellung des einfachen Existenzbeweises und Berechnungsverfahrens durch Iteration nach H. Weyl, Concerning the differential equation of some boundary layer problems. Proc. Nat. Acad. Sci. USA 27, 578–583 (1941). — H. Görtler

11.8.48.

Zur Bianchischen Biegungsgleichung.

Abb. 5.10 Vortragsbuch Oberwolfach ab 05.02.1946

hat insgesamt 11 Promotionen und mehrere Habilitationen und Postdocs betreut. Im Folgenden werden die Doktoranden, Habilitanden und Postdocs, die bei Görtler gearbeitet haben, kurz vorgestellt. Siehe auch Abschn. 8.1, in dem eine Kopie der Internetseite https://www.mathgenealogy.org/id.php?id=35955 zu finden ist, auf der die Doktoranden von Henry Görtler zusammengefasst sind.

5.5.6.1 Promotionen

Klaus Kirchgäßner
Kirchgässner studierte von 1951 bis 1956 Mathematik und Physik an der Albert-Ludwigs-Universität Freiburg im Breisgau, wurde dort 1959 in Mathematik bei Henry Görtler promoviert und habilitierte sich 1966. Danach war er Professor an der Universität Bochum und ab 1972 an der Universität Stuttgart, wo er den Lehrstuhl für Angewandte Mathematik leitete und 1998 emeritierte. Auch danach blieb er wissenschaftlich aktiv.

Er befasste sich mit dynamischen Systemen, Bifurkationstheorie und hydrodynamischer Stabilität, zum Beispiel mit der Theorie der Wasserwellen. Er ist für die Methode der Reduktion auf die räumliche Zentrumsmannigfaltigkeit bekannt (spatial center manifold reduction).

Er war Mitglied der Heidelberger Akademie der Wissenschaften (1996), korrespondierendes Mitglied der Mainzer Akademie der Wissenschaften und Ehrenmitglied der International Society for the Interaction of Mechanics and Mathematics (ISIMM) und der Gesellschaft für Angewandte Mathematik und Mechanik

Abb. 5.11 Klaus Kirchgässner, Quelle: Bildarchiv des Mathematischen Forschungsinstituts Oberwolfach

Abb. 5.12 Günther Hämmerlin (rechts, hier mit W. Velte), Autor: Gerd Fischer. Quelle: Bildarchiv des Mathematischen Forschungsinstituts Oberwolfach

(GAMM), deren Präsident er 1980 bis 1983 war. Bis 2001 war er Präsident der Gesellschaft für Mathematische Forschung Oberwolfach (Abb. 5.11 und 5.12).[32]

Günther Hämmerlin
Günther Hämmerlin studierte Mathematik in Freiburg im Breisgau und promovierte 1954 bei Henry Görtler mit dem Thema über die Lösung des Eigenwertproblems der Görtlerschen Instabilitäten laminarer Grenzschichten längs konkaven Wänden. Er habilitierte 1961 und war von 1965 bis 1996 Inhaber des Lehrstuhls für Angewandte Mathematik (Numerische Analysis) der Ludwig-Maximilians-Universität in München. Er war Herausgeber verschiedener mathematischer Zeitschriften und Buchreihen. Zu seinen Doktoranden gehören die Professoren Karl-Heinz Hoffmann und Heinz-Gerd Hegering.[33]

Werner Rheinboldt
Rheinboldt studierte von 1947 bis 1952 Physik und Mathematik an der Universität Heidelberg. Nach einer einjährigen Tätigkeit in einem Flugzeuglabor in Duisburg nahm er sein Studium an der Universität Freiburg wieder auf und promovierte 1955 zum Dr. rer. nat. im Bereich angewandte Mathematik. Anschließend ging er als Post Doctoral Fellow an die Universität Maryland. Im Anschluss daran arbeitete er im Computation Laboratory des US National Bureau of Standards (NBS). Seine wissenschaftliche Laufbahn setzte er 1959 an der Syracuse University fort. Im Jahr 1963 erhielt er einen Ruf als Professor für Mathematik an die Universität Maryland, wo er ein Informatikzentrum errichtete, das er bis 1965 leitete. An dieser Universität blieb er als Professor für Mathematik und Informatik bis 1978, als er einem Ruf an den Andrew-W.-Mellon-Lehrstuhl für Mathematik an der Universität Pittsburgh folgte.[34] Von 2007 bis zu seinem Tod 2024 war er Honorarprofessor an der Technischen Universität in München.

[32] Zitat aus Wikipedia.
[33] Zitat aus Wikipedia.
[34] Zitat aus Wikipedia.

Klaus Ritter
Ritter: Nach zweijährigem Aufenthalt in Wisconsin, hat Ritter sich in Karlsruhe habilitiert und war danach Professor wieder in Wisconsin, Rutgers, Stuttgart und München.

Hermann Witting
Witting (1927–2010) studierte ab 1946 an der TU Braunschweig und der Albert-Ludwigs-Universität Freiburg, wo er 1951 sein Diplom machte und 1953 bei Heinrich (Henry) Görtler promoviert wurde (Verbesserung des Differenzenverfahrens von H. Görtler zur Berechnung laminarer Grenzschichten). Danach war er Assistent in Freiburg, wo er sich 1957 habilitierte (über den Einfluss der Stromlinienkrümmung auf die Stabilität laminarer Strömungen). In den Jahren 1958/59 war er mit einem Forschungsstipendium an der University of California, Berkeley und 1959 Dozent in Freiburg. Nachdem er 1961 schon eine Vertretungsprofessur an der TH Karlsruhe hatte (und Gastdozent an der ETH Zürich war), wurde er 1962 außerordentlicher Professor in Karlsruhe, im selben Jahr aber noch ordentlicher Professor an der Westfälischen Wilhelms-Universität Münster. Ab 1972 war er Professor an der Universität Freiburg, wo er 1992 emeritiert wurde. Schwerpunkt seiner wissen-

Abb. 5.13 Hermann Witting, Autor: Konrad Jacobs. Quelle: Bildarchiv des Mathematischen Forschungsinstituts Oberwolfach

schaftlichen Arbeit war zunächst die Strömungsmechanik. Ab 1958 wandte er sich der Mathematischen Stochastik zu (Abb. 5.13).[35]

Ernst Wrage
„Ernst Wrage war 1960 in der eng mit der Deutschen Versuchsanstalt für Luft- und Raumfahrt (DVL) verzahnten Arbeitsgruppe von Prof. Henry Görtler (Freiburg) promoviert worden; seine Dissertation „Entwicklung und Anwendung einer allgemeinen Reihenmethode zur Berechnung laminarer, kompressibler Grenzschichten" ist als Bericht Nr. 134 der DVL veröffentlicht worden. Ernst Wrage blieb drei Semester als Wissenschaftlicher Assistent am Institut. Am 16.03.1964 wurde er an die damalige Ingenieurschule Furtwangen versetzt. Zum 14.09.1964 wurde er dort zum Staatlichen Oberbaurat ernannt, am 19.04.1966 zum Beamten auf Lebenszeit; später wurde er Professor an der FH Furtwangen. Am 10.01.1978 ist Dr. Ernst Wrage verstorben (Abb. 5.14). [116]"

Weitere Doktoranden von Henry Görtler waren Immo Kiessling, Bernd Meister, Klaus Menzel, Hans Oser und Peter Sorger.

5.5.6.2 Habilitationen

Klaus Kirchgässner, Günther Hämmerlin und Hermann Witting haben bei Henry Görtler habilitiert (s. o.).

Ernst Becker Ernst Becker studierte von 1947 bis 1951 Physik an der Technischen Hochschule Darmstadt und der Georg-August-Universität Göttingen. Von

Abb. 5.14 Ernst Wrage (links, hier mit Witting), Quelle: Fotoarchiv der Abteilung für Angewandte Mathematik, Uni Freiburg

[35] Zitat aus Wikipedia.

1951 bis 1954 war er am Max-Planck-Institut für Strömungsforschung in Göttingen und wurde 1954 mit seiner am Max-Planck-Institut erarbeiteten Dissertation ‚Beitrag zur Berechnung von Sekundärströmungen' an der Universität Göttingen promoviert.

Von 1954 bis 1959 forschte er an der Aerodynamischen Versuchsanstalt in Göttingen und anschließend bis 1962 im Institut für Angewandte Mathematik und Mechanik der Deutschen Versuchsanstalt für Luft- und Raumfahrt in Freiburg im Breisgau.

Im Jahr 1960 habilitierte er sich mit seiner Habilitationsschrift „Die laminare inkompressible Grenzschicht an einer durch laufende Wellen deformierten ebenen Wand" für Angewandte Mathematik und Mechanik an der Universität Freiburg i. Br. Von 1962 bis 1963 war er Associate Professor an der Yale University und ab 1963 ordentlicher Professor der Mechanik an der Technischen Hochschule Darmstadt.

Ernst Becker war 1974 Präsident der Gesellschaft für Angewandte Mathematik und Mechanik und wurde 1976 als Mitglied in die Deutsche Akademie der Naturforscher Leopoldina aufgenommen.

5.5.6.3 Postdocs

Fromme, Poesch und Roesner arbeiteten als Postdocs bei Henry Görtler.

Karl Roesner

Der in Göttingen bei Walter Tollmien 1967 promovierte Wissenschaftler Karl Rösner war seit 1970 wissenschaftlicher Assistent in der angewandten Mathematik der Universität Freiburg bei Henry Görtler und habilitierte sich 1975 in Karlsruhe bei Zierep und Schmidt für das Fachgebiet Strömungslehre [114] (Abb. 5.15).

Abb. 5.15 Karl Roesner, Quelle: Fotoarchiv Karl Roesner

5.5.7 Rufe, Auszeichnungen und Görtler als Wissenschaftsmanager

Im Jahr 1949 hat sich Görtler nach Hannover beworben oder er ist hier als Kandidat für eine Professur diskutiert worden. Am 26.02.1949 schreibt Professor v. Sanden, Hannover, einen Brief 8.9 [77] an Prandtl mit der Bitte, ein Gutachten über Görtler zu schreiben.

> „Wir haben hier Berufungssorgen bei der Besetzung des Ordinariats von Conrad Müller, der emeritiert ist. Es kommt sehr in Frage ein Prof. Görtler, jetzt a. O. in Freiburg. ... ‚Aber wie liest er? ... Könnten Sie uns darüber Auskunft geben? Bei unseren Studenten ist die Fähigkeit, fesselnd vorzutragen von grosser Bedeutung, da sie im Durchschnitt keine große Neigung haben, mathematische Dinge um ihrer selbst willen aufzufassen, und leider auch keine Zeit, ihre Vorlesungen gründlich durchzuarbeiten. ... Wir haben zwei Ordinarien auf unserer Liste. Aber leider lässt sich das Ministerium nicht zu der Ansicht bekehren, dass es sich etwas kosten lassen muss, wenn man einen bereits bewährten Mann haben will. Es zieht einen jungen Mann vor, weil der billiger ist."

Schon wenige Tage später schickt Prandtl sein Gutachten am 02.03.1949, siehe Abschnitt 8.9, [77]:

> „Aus ihren freundlichen Zeilen vom 26.2.49 sehe ich, dass sich ihre Fakultät für Professor Görtler, z. Zt. in Freiburg, interessiert. Da ich mich, während er in meinem Institut tätig war, nie näher um seine Dozententätigkeit gekümmert habe, habe ich zunächst, um mich selbst ins Bild zu setzen, die in Betracht kommenden Vorlesungsverzeichnisse hergeholt."

Dann beschreibt Prandtl detailliert, wann Görtler welche Vorlesungen gehalten hat. Darunter Variationsrechnung, analytische Geometrie I–III, numerische und graphische Methoden und gewöhnliche Differentialgleichungen. Er zitiert einen Studenten aus Görtlers Vorlesungen 8.10, [77]:

> „Seine Vorlesungen sind sehr klar und diszipliniert. Die Gliederung des Stoffes kommt den Hörern deutlich zu Bewußtsein."

Ein anderer Hörer rühmt die Tafeldisziplin und Klarheit. Trotz der Verständlichkeit wäre er aber nicht in den Anfängen stecken geblieben, wie das besonders bei reinen Mathematikern vorkommen soll, sondern hätte das ganze Pensum ordnungsgemäß erledigt.

> „Nach diesen Auskünften kann ich ihnen also Herrn Görtler mit bestem Gewissen empfehlen und würde mich freuen, wenn er durch die Berufung nach Hannover auch mir selbst wieder näher gerückt würde.
>
> Was seine Göttinger Forschungstätigkeit betrifft, so möchte ich sagen, daß er seinem Werdegang und seiner inneren Einstellung nach Mathematiker ist. Er hat sich in seiner Tätigkeiten an meinem Institut in physikalischen Dingen von mir führen lassen, dabei aber seine mathematischen Fähigkeiten in erfreulicher Weise zur Lösung von einer Reihe verschieden gearteter Aufgaben recht erfolgreich eingesetzt. Als er neu nach hier kam, war er wesentlich reiner

Mathematiker, hat sich aber durch seine hiesige Tätigkeit in die verschiedenen Zweige der modernen angewandten Mathematik eingearbeitet, was auch seiner Dozententätigkeit sehr zugute gekommen ist."

Görtler hat sich nach dem zweiten Weltkrieg zu einem weltweit anerkannten Wissenschaftler und Wissenschaftsmanager entwickelt, was durch mehrere Rufe, Berufungen, Ehrungen und Auszeichnungen dokumentiert wird. Ich zitiere hier noch mal die wichtigsten Punkte aus dem Nachruf von Witting (siehe oben).

„Besonderen Einfluß auf die Entwicklung seines Faches hatte Görtler auch durch sein Engagement in der Gesellschaft für Angewandte Mathematik und Mechanik (GAMM). Schon 1950 wurde er – wohl auf Vorschlag von Prandtl – zu deren Geschäftsführer und von 1955–1958 dann zu deren Vorsitzenden gewählt. Ihm ist es zu verdanken, daß die GAMM-Tagungen zu Stätten internationalen wissenschaftlichen Gedankenaustauschs wurden und sich Industrie und Wirtschaft schon in der damaligen Aufbauphase dem noch jungen Diplom-Mathematiker öffneten. Große Verdienste hat er sich auch durch sein vielfältiges Engagement bei der Entwicklung neuer, ihm wichtig erscheinender Gebiete erworben, auch wenn diese nicht zu seinem engeren Interessengebiet gehörten. So hat er etwa die Gründung einer deutschen Gesellschaft für Unternehmensforschung mitgetragen und das DFG-Schwerpunktprogramm zur Entwicklung elektronischer Rechenanlagen mit initiiert. Auch anderen wissenschaftspolitischen Aufgaben hat er sich nie verschlossen und zahlreiche Ehrenämter engagiert wahrgenommen. So war er bereits 1949–1950 Dekan der damaligen Mathematisch-Naturwissenschaftlichen Fakultät, von 1966–1972 Vorsitzender der Wissenschaftlichen Gesellschaft in Freiburg und über viele Jahre Mitherausgeber angesehener wissenschaftlicher Zeitschriften sowie in verschiedenen Funktionen für die Deutsche Forschungsgemeinschaft tätig. Auch führte sein organisatorisches und diplomatisches Geschick – begünstigt durch seine natürliche Zweisprachigkeit – zu internationalen Aufgaben. So vertrat er ab 1962 die Bundesrepublik im Generalrat der Internationalen Union für Theoretische und Angewandte Mechanik (IUTAM), deren Generalsekretär und späterer Präsident (1972–76) er wurde. Seine internationale Wertschätzung spiegelt sich auch in der Wahl zum Fellow des American Institute of Aeronautics and Astronautics, der Ehrenmitgliedschaft in verschiedenen ausländischen Gesellschaften sowie der Ehrenpromotion durch die Universität seiner Geburtsstadt Calgary wider." [115]

Görtler war im Jahr 1955/56 Gastprofessor an der Indiana University, seit 1962 Vetrauensdozent der Deutschen Forschungsgemeinschaft für die Universität Freiburg, 1966–1972 Vorsitzender der Wissenschaftlichen Gesellschaft der Universität Freiburg, seit 1968 Mitglied des Wissenschaftlichen Rates des Centre International des Sciences Mecaniques (Udine, Italien), 1959 Fellow of the American Institute of Aeronautics and Astronautics (USA), 1973 ausländisches Mitglied der Polnischen Gesellschaft für Theoretische und Angewandte Mathematik, Mitglied des Wissenschaftlichen Beirats des Mathematischen Forschungsinstituts Oberwolfach.

5.5.8 Herausgebertätigkeit

Henry Görtler war u. a. Mitherausgeber folgender Zeitschriften: Archive for Rational Mechanics and Analysis (siehe Nachruf von Kirchgässner), Ingenieurarchiv, Numerische Mathematik, Journal of Computational and Applied Mathematics, Physikalische Blätter, Zeitschrift für Angewandte Mathematik und Mechanik.

6 Bilder

In diesem Abschnitt zeigen wir einige Bilder, die Görtler als Hochschullehrer und im Kreise seiner Mitarbeiter und Kollegen zeigen. Sie stammen aus dem Fotoarchiv des Mathematischen Forschungsinstituts Oberwolfach, der Abteilung für Angewandte Mathematik der Universität Freiburg und den privaten Archiven von Prof. Roesner und Dirk Görtler, dem Sohn von Henry Görtler.

Abb. 6.1 Henry Görtler, Autor: Klaus Kirchgässner. (Quelle: Bildarchiv des Mathematischen Forschungsinstituts Oberwolfach)

D. Kröner, *Der angewandte Mathematiker Henry Görtler: Sein Leben vor und nach 1945*, https://doi.org/10.1007/978-3-662-71930-5_6

Abb. 6.2 Henry Görtler. (Quelle: Fotoarchiv der Abteilung für Angewandte Mathematik Uni Freiburg)

Abb. 6.3 Geburtshaus Görtler in Calgary mit zwei seiner Kinder. (Quelle: Fotoarchiv Dirk Görtler)

Abb. 6.4 Dieses Foto wurde wohl für die Ausweispapiere für die Reise nach Deutschland von einem Fotostudio in Calgary gemacht, es zeigt Henry Görtler im Jahre 1923 in Calgary im Sommer im Alter von ca. 13 Jahren (auf der Rückseite Beschriftung durch Handschrift von Henry Görtler). (Quelle: Fotoarchiv Dirk Görtler)

Abb. 6.5 Arbeitsgruppe von Görtler in Freiburg 1954, Görtler vorne in der Mitte, u. a. Witting in hinterer Reihe, zweiter von rechts. (Quelle: Fotoarchiv der Abteilung für Angewandte Mathematik, Uni Freiburg und Fotoarchiv Dirk Görtler)

Abb. 6.6 Görtler während einer Vorlesung 1956. (Quelle: Fotoarchiv Dirk Görtler)

Abb. 6.7 Görtler mit von Kármán in Pasadena, ca. 1955. (Quelle: Fotoarchiv Dirk Görtler)

Abb. 6.8 NN, Görtler, Roesner. (Quelle: Fotoarchiv Karl Roesner)

Abb. 6.9 Görtler. (Quelle: Fotoarchiv Karl Roesner)

Abb. 6.10 Görtler. (Quelle: Fotoarchiv Karl Roesner)

Abb. 6.11 H. Görtler und W. Süss, Autor: Konrad Jacobs. (Quelle: Bildarchiv des Mathematischen Forschungsinstituts Oberwolfach)

Abb. 6.12 Bol, Görtler, Süss, Leichtweiss. (Quelle: Fotoarchiv der Abteilung für Angewandte Mathematik, Uni Freiburg)

Abb. 6.13 Görtler. (Quelle: Fotoarchiv der Abteilung für Angewandte Mathematik, Uni Freiburg)

Abb. 6.14 Kirchgässner, Geis, Oser, Kampe. (Quelle: Fotoarchiv der Abteilung für Angewandte Mathematik, Uni Freiburg)

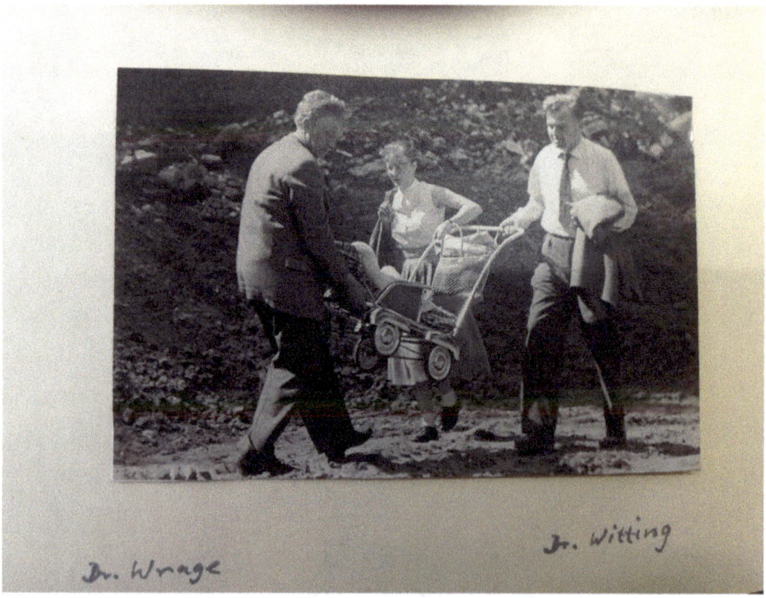

Abb. 6.15 Wrage, Witting. (Quelle: Fotoarchiv der Abteilung für Angewandte Mathematik, Uni Freiburg)

Abb. 6.16 Gruppenfoto der Teilnehmer einer Tagung. (Quelle: Fotoarchiv der Abteilung für Angewandte Mathematik, Uni Freiburg)

Abb. 6.17 Görtler. (Quelle: Fotoarchiv der Abteilung für Angewandte Mathematik, Uni Freiburg)

Abb. 6.18 Witting, Frau Witting, Hämmerlin, Anders. (Quelle: Fotoarchiv der Abteilung für Angewandte Mathematik, Uni Freiburg)

Abb. 6.19 Habilitation Hämmerlin 1961. (Quelle: Fotoarchiv der Abteilung für Angewandte Mathematik, Uni Freiburg)

Abb. 6.20 Henry Görtler (links), Wilhelm Süss, Wilhelm Blaschke, Georges Reeb, Helmut Gericke (rechts), Autor: Konrad Jacobs. (Quelle: Bildarchiv des Mathematischen Forschungsinstituts Oberwolfach)

7 Zeitzeugen und Verwandte über Henry Görtler

7.1 Gespräch mit Dirk Görtler über seinen Vater

Im Juni 2023 hatte ich Gelegenheit, mit Dirk Görtler, einem der zwei Söhne von Henry Görtler, über seinen Vater zu reden. Dirk Görtler bewohnt noch immer das Haus von seinem Vater in Freiburg. Henry Görtler hat das Haus damals gekauft und dann bis zu seinem Tod dort gewohnt. Eine interessante Gegend insofern, als auch nicht weit entfernt berühmte Persönlichkeiten wohnten, wie Heidegger, ein Bruder von Alexander Mitscherlich (Forstwissenschaftler), Professor Baseler, der am Bau des Assuan-Staudamms beteiligt war und Professor Steinlin, ein Mitbegründer des Clubs of Rome. Ob es intensivere Kontakte zwischen Heidegger und Henry Görtler gab, ist nicht überliefert. Der Sohn hat nur einmal beobachtet, wie Görtler Heidegger vor der eigenen Garage getroffen und mit ihm ein kurzes Gespräch geführt hat. Dirk Görtler hatte den Eindruck gewonnen, dass sie sich kennen, aber nicht unbedingt die besten Freunde sind. Die Familie hatte außerdem eine Ferienwohnung in Altglashütten, einem kleinen Ort in der Nähe des Feldbergs im Schwarzwald.

Henry Görtler ist in Calgary geboren und war von Geburt an auf einem Auge blind. Seine Eltern haben sich irgendwann scheiden lassen. Er war sehr nachtragend und hatte zeitlebens ein gestörtes Verhältnis zu seinen Eltern und Geschwistern. Erst als er in Calgary die Ehrendoktorwürde verliehen bekam, hatte er wieder Kontakt zu seiner Schwester aufgenommen, die in Kanada lebte, und mit ihr einen Ausflug an den Lake Louise gemacht, in der Nähe von Banff.

Ursprünglich wollte Görtler Priester werden oder auch Architektur studieren. Als er dann 1923 von Calgary nach Deutschland kam und die Situation in Deutschland gesehen hat, ist er aus der Kirche ausgetreten.

In München hat er 1930/31 Philosophievorlesungen bei Professor Dr. Dietrich von Hildebrandt gehört. Von dieser Vorlesung über Existentialismus hat er ein sehr sorgfältig handgeschriebenes Skript angefertigt, was sich noch im Besitz des Sohnes befindet. Görtler hat im Jahre 1941 geheiratet. Seine Frau war in einem Haushalt

D. Kröner, *Der angewandte Mathematiker Henry Görtler: Sein Leben vor und nach 1945*,
https://doi.org/10.1007/978-3-662-71930-5_7

Abb. 7.1 Trauung Ehepaar Görtler mit Trauzeugen Ehepaar Prandtl. (Quelle: Fotoarchiv Dirk Görtler)

mit Personal aufgewachsen[1], aber dieser Standard fand dann in der Ehe mit Henry Görtler keine Fortsetzung. Trauzeuge war Ludwig Prandtl. Dirk Görtler hat das Foto mit Prandtl als Trauzeuge zur Verfügung gestellt (siehe Abb. 7.1). Es gibt im Bestand von Dirk Görtler auch ein Foto von Henry Görtler mit von Kármán (siehe Abb. 6.7). Im Mathematischen Institut galt er als der bestangezogene Professor in der Mathematik.

Zu seinen Kindern hatte Görtler großes Vertrauen, was sich unter anderem zeigte, als Dirk Görtler nach London trampen wollte. Görtler hat das nicht groß kommentiert, sondern seinen Sohn nur aufgefordert, ihm eine Postkarte zu schicken, mit der Information, mit wem er getrampt ist. Sohn Dirk war bei einem Woodstock Festival in London mit Liveauftritten u. a. von Jimi Hendrix mit dabei. Als Jimi Hendrix gestorben ist, hat Henry Görtler die Nachrufe aus verschiedenen Zeitungen gelesen und für seinen Sohn ausgeschnitten. Seinem Sohn Dirk hat er des Öfteren die Schulmathematik erklärt. Dirk Görtler konnte sich auch noch gut daran erinnern, dass sein Vater ihnen 1966 die Mondlandung erklärt hat. Es sei unmöglich, direkt mit der Rakete bzw. einem Raumschiff auf dem Mond zu landen, sondern man müsse zunächst auf eine Umlaufbahn um den Mond einschwenken und von da aus mit einem weiteren Raumschiff die Mondlandung durchführen. Das wäre die einzige Chance, um auch vom Mond wieder zurückzukommen.

[1] Ihr Vater war Rechtsanwalt und Notar in Uslar [122].

Görtler hat viele USA-Reisen mit der Familie gemacht. Sein Sohn erinnert sich, dass sein Vater 1958 nur mit seiner Frau, aber ohne Kinder in Los Angeles war. Irgendwann war er bei einem USA-Besuch auch bei der NASA und hat an einer Führung teilgenommen. Dabei kamen sie an einem Gerüst an einer Rakete vorbei und oben auf dem Gerüst stand ein Ingenieur, der mit irgendwelchen Arbeiten an der Rakete beschäftigt war. Dann sind Görtler und der Ingenieur schnell in ein Fachgespräch gekommen, und zwar über Görtler-Wirbel. Dann hat Görtler gesagt: „Ja der Görtler von den Görtler-Wirbeln das bin ich." Da wäre der Ingenieur fast vom Gerüst gefallen. Später hat Görtler auch mal behauptet, dass er den angeblichen geistigen Vater des Sputnik getroffen hätte. Aber er war sich sicher gewesen, dass das nicht der echte war und dass man den echten nicht hätte ausreisen lassen.

Als Freiburg nach dem Zweiten Weltkrieg in Schutt und Asche lag, ist Görtler mal mit dem Fahrrad von Oberwolfach nach Freiburg gefahren. Er hat auch öfter zu Hause von dem Wasserkanal und dem Computer im Keller des Instituts erzählt und darauf hingewiesen, dass die Kühlung das größte Problem wäre. Bei einem der häufigen und beliebten Familienurlaube auf Langeoog wies er darauf hin, dass die Rillen im Watt Effekte der Görtler-Wirbel sind.

Nach der Organisation des IUTAM Meetings in Freiburg im Jahr 1957 war Görtler wohl sehr erschöpft und hat erstmal zwei Wochen Urlaub gemacht.

Henry Görtler hatte einen besonderen Bezug zu Kunst und Architektur. Die Architektur in Kalifornien hat ihn immer sehr beeindruckt. Das Büro in seinem Privathaus hatte er im Stile von „Mid Century" eingerichtet. In seinem Bücherregal standen sehr viele Kunstbücher, in denen sein Sohn Dirk mit Begeisterung geblättert hat. In der Ferienwohnung in Altglashütten hat er eine großformatige Kopie eines Bildes von Ernst-Wilhelm Nay aufgehängt.

Nach seinem Aufenthalt in Stanford 1965 hat er Undergroundzeitschriften aus den USA mitgebracht, die sein Sohn mit großem Interesse verschlungen hat. Er war auch ein großer Verehrer von John F. Kennedy und als dieser ermordet worden ist, hatte er die Nachricht sofort an seine Kinder weitergeleitet.

Dirk Görtler hat seinen Vater als politisch Liberalen und FDP-Wähler beschrieben. Er war Rotarier und hat den Hermann-Gmeiner-Fonds sehr stark unterstützt. Gerne schaute er sich Satiresendungen im Fernsehen an, insbesondere liebte er die Lach- und Schießgesellschaft aus München und amerikanische Comics. Wenn das neue Micky-Maus-Heft ins Haus kam, war er der erste, der es gelesen hat, noch vor seinen Kindern.

7.2 Professor Karl Roesner, Universität Darmstadt, ehemaliger Mitarbeiter in Freiburg

Wie schon oben erwähnt war Karl Roesner Postdoc bei Görtler und ich hatte Roesner bei gemeinsamen Forschungsprojekten kennengelernt. Er hat mir manchmal von Görtler erzählt, sodass ich von der Verbindung zwischen Görtler und Roesner wusste. Daher hatte ich Karl Roesner um ein Zeitzeugendokument gebeten, das er mir dann gerne zugeschickt hat. Persönliche Mitteilung von Professor Roesner [113]:

Ihr Brief (ich hatte Roesner in einem Brief an ihn um seine Erinnerungen gebeten) hat mich mit einem Mal in die schönste Zeit zurückversetzt, die ich an deutschen Universitäten verbracht habe: meine Assistentenzeit am Institut für Angewandte Mathematik in Freiburg. Etwas banal ausgedrückt darf ich sagen, dass Görtler es war, der im entscheidenden Moment die Weichen für meine weitere Laufbahn gestellt hat.

Der Name Henry Görtler begegnete mir zum ersten Mal, als ich in Göttingen nach dem Vordiplom in Physik an einem der vielen Institute der Fakultät für Physik eine Möglichkeit für eine Diplomarbeit suchte (Roesner: Diplom 1962, Promotion 1967). Am damaligen Max-Planck-Institut für Strömungsforschung – heute Max-Planck-Institut für Dynamik und Selbstorganisation – dessen Gründungsdirektor Ludwig Prandtl war, gab es die Möglichkeit, ein Thema aus der Strömungsphysik numerisch zu behandeln, das ich mit großer Begeisterung aufgriff, welches mich aber auch notwendigerweise veranlasste, mir Grundkenntnisse der Strömungsphysik anzueignen. Als erstes kaufte ich „den Prandtl", das grundlegende Werk mit der Bezeichnung „Strömungslehre" und versuchte, mich in die Thematik meiner Diplomarbeit einzuarbeiten. Am meisten faszinierten mich die Bilder von Versuchen über Wirbel, die sich in den verschiedensten Arten von Strömungen bilden. Rückblickend kann ich sagen, dass das Phänomen der Görtler-Wirbel mein Interesse an der Strömungsphysik entscheidend geweckt hat und mich bis heute beschäftigt.

Zu den Standardwerken über Strömungsphysik zählte neben der „Strömungslehre" von Prandtl auch die „Grenzschicht-Theorie" von Schlichting, die ich natürlich zu Rate zog, um die theoretische Behandlung einzelner Strömungsvorgänge zu erlernen. Dabei kam es zur ersten „Begegnung" mit Henry Görtler im Kapitel über die Entstehung der Turbulenz, wo die Bildung von Längswirbeln an konkav gekrümmten Wänden diskutiert wurde. Görtler hatte in seiner Veröffentlichung „Über eine dreidimensionale Instabilität laminarer Grenzschichten an konkaven Wänden" – veröffentlicht in den Nachr. Wiss. Ges. Göttingen, Math. Phys. Klasse, Neue Folge, 2, Nr.1, (1940) - dieses Phänomen in den größeren Zusammenhang von Stabilität und Instabilität von Strömungen gestellt.

Bedingt durch die Thematik meiner Diplomarbeit und der späteren Dissertation über ein Thema aus der Gasdynamik, gab es zunächst keine weiteren „Berührungspunkte" mit Henry Görtler. Mein erstes reales Zusammentreffen mit Görtler steht im Zusammenhang mit der Teilnahme am 11. Internationalen Kongress für Angewandte Mechanik in München 1964, bei dem Görtler als Präsident in seiner Eröffnungsrede den gerade verstorbenen, berühmten R. Grammel würdigte. Während dieser Tagung konnte ich erleben, dass Görtler – es war die Zeit des „kalten Krieges" – insbesondere mit Mathematikern der damaligen Sowjetunion zusammentraf und bewusst nach außen demonstrierte, daß der „Eiserne Vorhang" für die Wissenschaftler der westlichen Welt kein Hindernis darstellte, mit Kollegen „der anderen Seite" engen wissenschaftlichen Kontakt zu pflegen. Finanziell unterstützt wurden diese Aktivitäten durch die Deutsche Forschungsgemeinschaft. Vielleicht war es diese Haltung Görtlers gegenüber Wissenschaftlern des Ostblocks, die mich später ebenfalls veranlasste, den Kontakt zu Kollegen der Ostblockstaaten zu pflegen. Es ergaben sich intensive Beziehungen zu Wissenschaftlern Russlands, Polens, der damaligen Tschechoslowakei, Ungarns und Rumäniens, die Görtler später, als ich an seinem Institut Assistent war, bereitwillig unterstützte, indem ich Wissenschaftler dieser Länder an sein Institut zu Gastaufenthalten einladen konnte.[2]

Meine erste „Begegnung" mit Görtler-Wirbeln in Prandtls Strömungslehre trat aber zunächst in den Hintergrund, da ich mich im Rahmen meiner Diplomarbeit der numerischen Lösung

[2] Roesner hatte enge Kontakte zu Shokin, Leiter des Rechenzentrums in Nowosibirsk. Diese Kontakte wurden später von Professor Krause, RWTH Aachen fortgesetzt. Ich selbst hatte Projekte in Forschergruppen von Krause und bin dadurch auch mehrmals in Nowosibirsk gewesen. Die Tochter von Shokin war später zwei Jahre lang wissenschaftliche Mitarbeiterin in meiner Arbeitsgruppe.

gasdynamischer Probleme widmete. Es war die Zeit der ersten in Deutschland installierten IBM-Rechenmaschinen, von denen die IBM 650 dem damaligen Max-Planck-Institut für Strömungsforschung zur Verfügung stand. Von diesem Zeitpunkt an galt mein wissenschaftliches Interesse der numerischen Behandlung nichtlinearer partieller Differentialgleichungen, insbesondere den gasdynamischen Grundgleichungen. Dieser Umstand sollte mich ein zweites Mal in engen Kontakt mit Henry Görtler bringen. Bei den Literaturstudien stieß ich im Zusammenhang mit meinem Dissertationsthema auf zahlreiche Arbeiten russischer Autoren, die die numerische Behandlung partieller Differentialgleichungen zum Thema hatten.

Ein glücklicher Zufall brachte mich anläßlich der GAMM-Tagung in Zürich 1967 in Kontakt mit einem Wissenschaftler der Polnischen Akademie der Wissenschaften, der mich im selben Jahr zur Teilnahme an dem alle zwei Jahre stattfindenden Symposium „On Advanced Problems and Methods in Fluid Mechanics“ in Warschau einlud, um dort über meine numerischen Ergebnisse zu berichten. Auf diesem Kongress traf ich mit den russischen Wissenschaftlern zusammen, deren Veröffentlichungen ich bereits aus meinen Literaturstudien kannte. Seit dieser Zeit datieren meine engen Kontakte zu Mathematikern der damaligen Sowjetunion. Später – als ich am Institut in Freiburg tätig war - konnte ich auf ausdrücklichen Wunsch Görtlers diese Kontakte noch vertiefen. Für meine Dissertation spielte diese Begegnung eine besondere Rolle, da ich von N.N. Janenko, dem Direktor des Rechenzentrums in Nowosibirsk, seine gerade in russisch erschienene Monografie über numerische Methoden zur Lösung partieller Differentialgleichungen erhielt. Das Thema dieser Monografie fand ich so fundamental neu, dass ich mich entschloss, diese Monografie zu übersetzen und beim Springer-Verlag als Band 91 der Lecture Notes in Mathematics den deutschen Lesern zugänglich zu machen. Da ich annahm, daß der russische Autor Görtler bekannt sein musste, sandte ich Görtler ein Exemplar der übersetzten Fassung zu. Die Antwort kam prompt und zwar positiv. Für mich als Doktoranden vor Abschluß meiner Dissertation war das eine unerwartet große Auszeichnung. Wie sich später herausstellen sollte, hat diese erste persönliche Kontaktaufnahme mir später bei meiner Bewerbung auf die freie Assistentenstelle am Institut für Angewandte Mathematik in Freiburg den Weg geebnet.

Eine zweite Begegnung mit Görtler – allerdings ohne persönlichen Kontakt – fand während der GAMM-Tagung in Prag während des „Prager Frühlings“ 1968 statt. Einer meiner Kommilitonen, der als Doktorand am Max-Planck-Institut für Strömungsforschung tätig war, nutzte die Gelegenheit, sich bei Görtler als Bewerber auf eine Stelle am DFVLR-Institut in Freiburg vorzustellen, dessen Direktor Görtler war. Mir schien es so, als wollte Görtler den „Göttingern“ eine Chance bieten, an seinem Institut die akademische Karriere bis zur Habilitation fortzusetzen, was in Göttingen in der damaligen Situation ziemlich aussichtslos war. Der Grund dafür, dass auch ich das Max-Planck-Institut für Strömungsforschung 1970 verließ und mit meiner Familie nach Freiburg umzog, war die bevorstehende Auflösung des Instituts, da der Direktor des Instituts – mein Doktorvater Walter Tollmien – im Jahr 1968 verstorben war und für das Institut zunächst kein Nachfolger gefunden werden konnte.

In dieser Situation erfuhr ich, daß an der Albert-Ludwigs-Universität in Freiburg eine Assistentenstelle ausgeschrieben war, die die Möglichkeit zur Habilitation bot. Meine Bewerbung hatte Erfolg und ich wurde von Henry Görtler zu einem Vorstellungsgespräch nach Altglashütten – Görtlers Sommerresidenz – eingeladen. Diese erste persönliche Begegnung mit Görtler zeigte mir, wie stark er sich mit Göttingen und insbesondere mit dem Prandtlschen Institut verbunden fühlte. Für meine Situation am Max-Planck-Institut zeigte Görtler vollstes Verständnis und ermutigte mich, meine Bewerbungsunterlagen für die Assistentenstelle an seinem Institut einzureichen. Damit hatte Görtler mir den Weg zur Habilitation geöffnet, der mir in Göttingen versperrt war. Die positive Entscheidung der mathematischen Fakultät der Albert-Ludwigs-Universität über meine Bewerbung eröffnete mir die Möglichkeit, innerhalb von sechs Jahren meine Habilitation abzuschließen. An Görtlers Institut zu arbeiten, wirkte auf mich befreiend. Die Atmosphäre unter den Mitarbeitern war äußerst angenehm. Es herrschte fast ein familiärer Ton im Umgang miteinander. Das traditionelle Spargelessen im Kaiserstuhl zählte zu den Highlights des Institutslebens. Was die wissenschaftliche Arbeit seiner Assistenten betraf, so ließ Görtler jedem Assistenten völlige Freiheit in der Wahl des Habilitationsthemas. Für mich ergab sich außerdem die Möglichkeit, die bereits etablierte Vorlesung „Praktische Analysis" in der Form eines Lehrauftrags zu übernehmen. Ich fand in der mir übertragenen Lehrtätigkeit die Erfüllung meiner lange ersehnten Wünsche, Studenten das Grundlagenwissen der numerischen Mathematik zu vermitteln. Görtler legte großen Wert darauf, die Vorlesung über spezielle Funktionen selbst zu halten. Als er aber krankheitshalber dazu nicht mehr in der Lage war – seine Sehkraft hatte drastisch nachgelassen – mußte er sich schweren Herzens entschließen, die Vorlesung in andere Hände zu geben. Es war das Jahr, in dem ich mit dem Abschluss meiner Habilitationsschrift intensiv beschäftigt war. Görtler setzte in mich sein vollstes Vertrauen, dass ich seine Vorlesung in seinem Sinn halten könnte. Für mich war das wie ein „Ritterschlag" zum akademischen Lehrer. Mit Freude über das in mich gesetzte Vertrauen, „seine Vorlesung" in seinem Sinn den Studenten vermitteln zu können, legte ich die Fertigstellung meiner Habilitationsschrift beiseite und widmete mich mit großem Zeitaufwand ausschließlich der Vorlesungsvorbereitung, da ich mich nicht auf ein ausgearbeitetes Manuskript stützen konnte.

In dieser Zeit hatte ich die Gelegenheit, Görtler in seiner Privatwohnung einmal wöchentlich aufzusuchen, um den Vorlesungsstoff der jeweils kommenden Woche zu besprechen. Die Gespräche führten meist über das Fachliche hinaus und ließen mich Henry Görtlers Warmherzigkeit spüren. Er drängte mich, den Abschluss der Arbeit an der Habilitationsschrift[3] voranzutreiben und zu einem baldigen Ende zu bringen. Görtler sprach sehr offen über seinen schlechten Gesundheitszustand und machte mir klar, dass für ihn an eine Rückkehr ins akademische Leben nicht mehr zu denken sei. Ich empfand diese düstere Perspektive bedrückend, da sein Institut ohne ihn nicht mehr das war, wie ich es bei meinem Eintritt erlebt hatte.

Als ich durch Vermittlung von Görtler nach meiner Habilitation an der Universität Karlsruhe als Privatdozent tätig war, habe ich den Kontakt zu Görtler weiter aufrechterhalten, wenn auch nur durch sporadische Besuche in Freiburg. Görtler freute sich jedesmal, wenn ich bei meinen Besuchen berichten konnte, dass mir Lehre und Forschung große Freude bereiteten. Ich erinnere mich an einen wohlgemeinten Rat, den mir Görtler mit auf den Weg gab, als ich meine eigenen Vorlesungen über Strömungsmechanik und numerische Methoden vorbereitete: „Denken Sie immer daran, dass die Ingenieure keine Beweise sehen wollen, sondern Methoden zur Lösung konkreter Probleme". Diesen Hinweis habe ich stets bei meinen Vorlesungen ernst genommen und damit bei den Hörern Erfolg gehabt.

Henry Görtler ist mir über seinen Tod hinaus in jeder Hinsicht Vorbild eines akademischen Lehrers geblieben.

7.3 Professor Krause, RWTH Aachen

Zur Vorbereitung dieser Biografie habe ich Professor Krause gebeten, mir über seine persönlichen Erfahrungen mit Görtler zu berichten. Ich kannte Professor Krause aus Vorlesungen in Aachen, die ich als Assistent von Professor Hellwig besuchte, aus Besichtigungen seines Instituts mit einer Arbeitsgruppe aus Bonn und aus zwei durch die DFG geförderten deutsch-französischen Forschergruppen. Krause schrieb mir:

[3] Roesner Habilitation 1975.

„Mit Görtlers Arbeiten bin ich zuerst in Kontakt gekommen, als ich meine Dissertation (AIAA J. Vol. 5, July 1967, pp. 1231 – 1237) an der NYU[4] vorbereitete. Die damals vorhandenen Lösungen der Grenzschichtgleichungen wiesen noch Unregelmäßigkeiten in der Behandlung der Anfangsbedingungen und in dem Fortsetzungsverfahren selbst auf, was mich veranlasste, Görtlers Arbeiten genau zu studieren. Seine Ergebnisse halfen mir sehr, eine iterative Lösung der Prandtlschen Grenzschichtgleichungen, die Teil meiner Dissertation war, zu finden.

Etwa zwei Jahre später hatte ich Gelegenheit, Görtler persönlich kennenzulernen. Nach meiner Rückkehr aus den USA wurde ich in der DFVLR beauftragt, dort vorliegende Ergebnisse über Gaszentrifugen zu überprüfen. Da bis dahin nur widersprüchliche Abschätzungen vorlagen, lud der Vorstand zu einer Diskussion ein, an der auch Professor Görtler teilnahm, so meine ich, und ich glaube mich zu erinnern, dass wir uns bei dieser Gelegenheit kennenlernten.

Einige Zeit später hielt ein deutscher Wissenschaftler von der University of Maryland einen Vortrag [an der Universität Freiburg] über die numerische Lösung der Poisson-Gleichung. Seinen Namen habe ich vergessen, aber da ich damals an der Lösung der Navier-Stokes-Gleichungen arbeitete, fragte ich bei Professor Görtler an, ob E. H. Hirschel, mit dem ich damals zusammen arbeitete, und ich nach Freiburg kommen könnten, um uns den Vortrag anzuhören. Görtler willigte sofort ein, und so fuhren wir nach Freiburg, hörten den Vortrag an und verabredeten mit Görtler, im dortigen Seminar selbst einen Vortrag zu halten. Ich weiß heute nicht mehr, worüber ich damals gesprochen habe. Ich habe nur noch in Erinnerung, dass die Begegnung mit Professor Görtler sehr angenehm war."

7.4 Helga Sturm, ehemalige Mitarbeiterin, technische Zeichnerin

Frau Sturm war als technische Zeichnerin von Görtler eingestellt worden und war noch am Institut für Angewandte Mathematik in Freiburg beschäftigt, als ich selbst nach Freiburg kam. Persönliche Mitteilung von Frau Sturm, telefonisch am 22.09.2022:

„Frau Sturm ist von Professor Görtler als Rechnerin/technische Zeichnerin eingestellt worden. Frau Sturm stellt Professor Görtler als guten Chef dar, der zunächst regelmäßig gemeinsame Ausflüge und Promotionsfeiern auch gemeinsam mit den Sekretärinnen organisiert hat. Es gehörte mit zu den Aufgaben von Frau Sturm, Görtler regelmäßig einen Liter Milch und einen grauen Becher in sein Büro zu bringen und auch die Post. Dies hat sich schlagartig geändert mit der Einstellung einer neuen Chefsekretärin, Frau Meiritz, die mit Beginn ihrer Tätigkeit die Schlösser ausgewechselt hat und den direkten Zugang zu Görtler unmöglich gemacht habt. Alles musste nun über den Schreibtisch von Frau Meiritz laufen. Post und Milch wurden jetzt nur noch von Frau Meiritz in das Arbeitszimmer von Görtler gebracht und der Service mit der Milch wurde auch nach kurzer Zeit eingestellt. Seit dieser Zeit ist Görtler dann für Frau Sturm unnahbar geworden und Görtler hat sich nach ihren Angaben dann auch sehr zurückgezogen. Dieses restriktive Verhalten der Sekretärin Frau Meiritz war nach Angaben von Frau Sturm nicht im Sinne von Görtler."

[4] New York University.

7.5 Stimmen ehemaliger Studenten

Auch zur Vorbereitung dieses Buches hatte ich Gelegenheit einen Studenten von Görtler, Friedhelm Bär, jetzt pensionierter Studiendirektor, und zwei andere ehemalige Studenten zu befragen:

> Friedhelm Bär: „Was ist mir von Professor Görtler in Erinnerung geblieben? Ich besuchte im dritten Semester Görtlers Vorlesung „Gewöhnliche Differentialgleichungen" und im fünften die „Praktische Analysis" mit Übungen. Beide Vorlesungen waren klar strukturiert, zielorientiert und inhaltlich verständlich. Eine große Hilfe war, dass die gebotene Darstellung auch den Literaturempfehlungen entsprach, für mich als Anfänger eine große und ermutigende Hilfe. Eine in anderen Veranstaltungen häufig gehörte Floskel „daraus ergibt sich trivialer Weise..." gab es nicht: Prof. Görtler war sich nicht zu schade, für uns auch mehrere Iterationsschritte explizit an der Tafel auszuführen, die sechs Tafeln in der Hebelstraße (42) waren nach 45 min alle beschrieben, mit einem Schriftbild, so perfekt wie seine Sprache. Er benutzte ein Skript. Die Verständlichkeit und Klarheit habe ich vor allem nach den beiden Anfangssemestern wie eine Befreiung empfunden. Der stets volle Hörsaal in der Hebelstraße zeigte, dass viele Kommilitonen die gleiche Einschätzung teilten."

Ein Student, der bei Görtler Vorlesungen gehört hat, aber anonym bleiben möchte:

> „Ich habe zwei Vorlesungen bei ihm gehört und habe dabei mehr verstanden als in anderen Vorlesungen. Er hat stets klar vorgetragen, sodass man seinen Vortrag gut folgen konnte. Dies gilt insbesondere für eine Vorlesung über Graphische Methoden zur Lösung von Differentialgleichungen, die ich sehr gerne gehört habe. Er war stets gut und elegant gekleidet, eleganter als seine Kollegen. Er suchte nicht das Gespräch mit Studierenden und war nach der Vorlesung gleich wieder weg."

Ein weiterer Student, der bei Görtler die Vorlesung „Spezielle Funktionen der mathematischen Physik" gehört hat, und auch anonym bleiben möchte:

> „Das Tafelbild war immer sehr schön, aber ich fand die Vorlesung eher langweilig; ich hatte den Eindruck, er hatte die Vorlesung schon zigmal gehalten und spulte sie runter. Auch ich habe in Erinnerung, dass er vornehm gekleidet war und unnahbar war."

8 Dokumente

In diesem Abschnitt sind Kopien der wesentlichsten Dokumente zusammengestellt, aus denen weiter oben zitiert worden ist. Insbesondere findet man hier den Aufsatz von Görtler, den er 1936 in der Deutschen Mathematik veröffentlicht hat. Obwohl die wesentlichsten Inhalte dieser Dokumente bereits zitiert worden sind, vermitteln die Kopien der Originaldokumente, deren Form und der darin verwendete Schreibstil zusätzliche Authentizität.

8.1 Doktorvater und Doktoranden von Görtler

Mathematics Genealogy Project, Lizenz für die Benutzung der folgenden beiden Bilder aus dem Internet: CC BY-SA 4.0

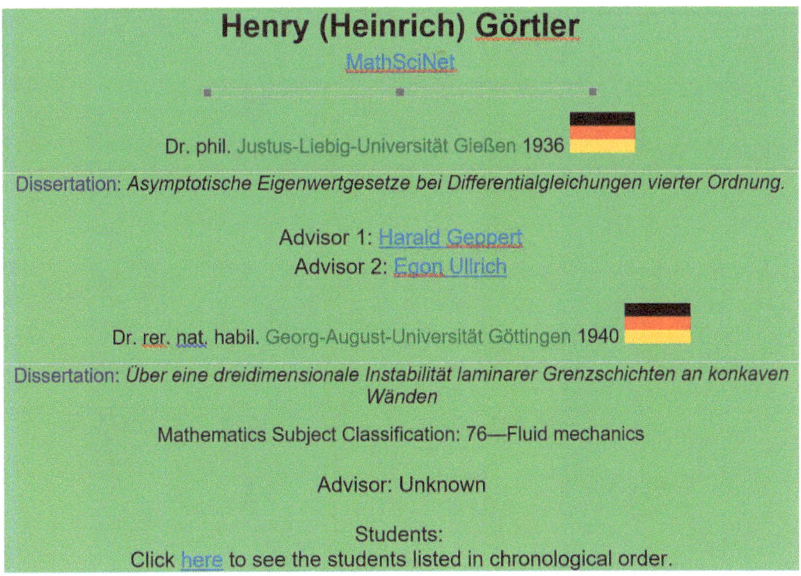

Henry (Heinrich) Görtler

MathSciNet

Dr. phil. Justus-Liebig-Universität Gießen 1936

Dissertation: *Asymptotische Eigenwertgesetze bei Differentialgleichungen vierter Ordnung.*

Advisor 1: Harald Geppert
Advisor 2: Egon Ullrich

Dr. rer. nat. habil. Georg-August-Universität Göttingen 1940

Dissertation: *Über eine dreidimensionale Instabilität laminarer Grenzschichten an konkaven Wänden*

Mathematics Subject Classification: 76—Fluid mechanics

Advisor: Unknown

Students:
Click here to see the students listed in chronological order.

D. Kröner, *Der angewandte Mathematiker Henry Görtler: Sein Leben vor und nach 1945*, https://doi.org/10.1007/978-3-662-71930-5_8

Name	School	Year	Descendants
Hämmerlin, Günther	Albert-Ludwigs-Universität Freiburg im Breisgau	1954	248
Kiessling, Immo	Albert-Ludwigs-Universität Freiburg im Breisgau	1963	
Kirchgässner, Klaus	Albert-Ludwigs-Universität Freiburg im Breisgau	1959	110
Meister, Bernd	Albert-Ludwigs-Universität Freiburg im Breisgau	1962	
Menzel, Klaus	Albert-Ludwigs-Universität Freiburg im Breisgau	1968	
Oser, Hans	Albert-Ludwigs-Universität Freiburg im Breisgau	1957	
Rheinboldt, Werner	Albert-Ludwigs-Universität Freiburg im Breisgau	1955	23
Ritter, Klaus	Albert-Ludwigs-Universität Freiburg im Breisgau	1964	25
Sorger, Peter	Albert-Ludwigs-Universität Freiburg im Breisgau	1966	
Witting, Hermann	Albert-Ludwigs-Universität Freiburg im Breisgau	1953	242
Wrage, Ernst	Albert-Ludwigs-Universität Freiburg im Breisgau	1960	

According to our current on-line database, Henry Görtler has 11 students and 651 descendants.

8.2 Nachruf von Kirchgässner auf Görtler [92]

Abdruck genehmigt durch die Geschäftsstelle der GAMM, Doreen Göhlert, 26.06.2025

460 ZAMM · Z. angew. Math. Mech. 68 (1988) 9

Obituary

Henry Görtler

26. 10. 09–31. 12. 87

Am 31. Dezember 1987 ist Henry Görtler, emeritierter Professor für Angewandte Mathematik an der Universität Freiburg i.Br., im Alter von 78 Jahren gestorben. Er war ein hochangesehener Gelehrter, der durch seine richtungsweisenden Arbeiten, durch seine zahlreichen Schüler und durch sein vielfältiges Wirken im öffentlichen wissenschaftlichen Leben die Angewandte Mathematik nach dem Kriege entscheidend geprägt hat. Seit Anfang der fünfziger Jahre mit der ZAMM als Mitherausgeber verbunden, hat diese seine Person und sein Wirken schon anläßlich seines 70. Geburtstags durch die Feder von E. Becker im 59. Band gewürdigt.

Mit Henry Görtler geht ein Mathematiker jener seltener gewordenen Gattung dahin, der die mathematische Durchdringung konkreter Probleme der Physik und der Ingenieurwissenschaften oberstes Anliegen ist. Geprägt von Ludwig Prandtl, hat er die Bestätigung für seine Entdeckungen und die Rechtfertigung seiner Methoden nicht nur in der Stringenz der mathematischen Argumente, sondern, wenn es nicht anders möglich erschien, auch in heuristischen Überlegungen, ja, auch in selbst gesetzten Experimenten gesucht.

Die meisten seiner richtungweisenden Arbeiten wurden in den Jahren 1937 bis 1944 grundgelegt, in denen er Mitarbeiter Prandtls in Göttingen war. Diese grundlegenden Beiträge sind fast alle in der ZAMM erschienen. Vom heutigen Standpunkt aus gesehen, muß man seine Reihenmethode zur Berechnung der Grenzschichtlösungen ebenso dazu rechnen wie die im Jahre 1940 fertiggestellte Habilitationsschrift über die Instabilität konkav gekrümmter Grenzschichten gegenüber dreidimensionalen, toroidalen Störungen. Der Einfluß der Wandkrümmung auf die klassischen Instabilitäten, die sogenannten Tollmien-Schlichting Wellen, ist, wie er in einer vorbereitenden Arbeit zeigt, von höherer Ordnung klein. Ihr Effekt kann jedoch, wie die Arbeiten von Rayleigh und Taylor zuvor gezeigt hatten, zu primären Instabilitäten führen. Görtler lokalisiert sozusagen diesen Effekt und sagt die Entstehung dieser Wirbelströmung in Grenzschichten voraus. Er stößt damit eine bis in unsere Tage reichende Entwicklung an, die zu einem experimentellen Nachweis der „Taylor-Görtler-Wirbel" führt und in deren Folge der erste Nachweis der mehrdeutigen Lösbarkeit der Navier-Stokesschen Gleichungen in der Feiburger Schule gelingt.

Noch einmal entdeckt er ein neues physikalisches Phänomen auf rein theoretischem Weg. Er zeigt, daß die Schwingungen eines Körpers in einer stabil dichtegeschichteten Flüssigkeit oder in einem rotierenden Medium von Gleichungen beschrieben werden, die beim Überschreiten einer kritischen Frequenz den Typ wechseln. Das Auftreten reeller Charakteristiken wird von ihm in einer einfachen Apparatur schon in Göttingen experimentell bestätigt. Die Arbeiten geraten in Vergessenheit, das Phänomen wird in diesen Tagen erneut gefunden.

Henry Görtler hat in Freiburg, wohin er 1944 berufen worden war, ein Zentrum für Angewandte Mathematik geschaffen. Mit der Einrichtung eines der ersten Rechenzentren und eines von der damaligen DVL finanzierten Forschungsinstituts für Angewandte Mathematik und Mechanik gegen Ende der fünfziger Jahre erreichte diese Entwicklung in den sechziger Jahren ihren Höhepunkt. Zahlreiche Schüler und von außen hinzugekommene Wissenschaftler begründeten unter seiner Führung den Ruf dieser Einrichtung. Viele von ihnen sind heute an verantwortlicher Stelle in ihren Fächern tätig.

Seine lebenslangen Bemühungen um Klarheit und Einfachheit schlugen sich auch in seinen Vorlesungen nieder. Sie übten große Anziehungskraft auf die Studenten aus. Er las über wechselnde Gebiete der Angewandten Mathematik, in regelmäßigen Abständen auch über Dimensionsanalyse, deren Grundlegung er mit Eifer und steter Selbstkritik nachging. Die Summe dieser Bemühungen ist dann 75 als Buch erschienen. Anregungen für wissenschaftliche Arbeiten entsprangen zumeist konkreten Fragestellungen der Strömungsmechanik. Großzügig und liberal wie er war, ließ er seinen Schülern viel Freiheit, ohne diejenigen zu übersehen, die der Ermunterung bedurften.

Als Herausgeber hat er durch die „Leitfäden für Angewandte Mathematik und Mechanik" eine erfolgreiche Lehrbuchserie gestaltet. Er war Mitherausgeber zahlreicher angesehener Zeitschriften. Außer der ZAMM seien nur das Archive for Rational Mechanics and Analysis und das Ingenieurarchiv erwähnt.

Seine große innere Kraft und die ihm eigene Gewissenhaftigkeit auch bei der Einteilung seiner Zeit erlaubten es ihm, neben diesen vielen Unternehmungen, die manch anderen schon bis zur Grenze belastet hätten, zahlreiche Aufgaben im öffentlichen wissenschaftlichen Leben zu übernehmen. So muß er heute als einer der Gründer der GAMM nach dem Kriege betrachtet werden. Er diente ihr von 1950 bis 1955 als Schriftführer und danach für drei Jahre als 1. Vorsitzender und war auch später bei der Fortentwicklung dieser Gesellschaft maßgeblich beteiligt. Die IUTAM als internationale Dachorganisation wählte ihn von 1973 bis 1977 zu ihrem Präsidenten. Selbstverständlich blieben die Ehrungen nicht aus. Er war Mitglied verschiedener Akademien und wissenschaftlicher Vereinigungen, deren Aufzählung ich mir angesichts des genannten Beitrages von E. Becker ersparen kann. Besonders muß es ihn gefreut haben, als die Universität seines Geburtsortes Calgary in Canada ihm im Jahre 1971 die Ehrendoktorwürde verlieh.

Die große Arbeitslast, die er zeit seines Lebens auf sich genommen hatte, forderte am Ende seiner aktiven Zeit ihren Tribut. So zog er sich nach seiner Emeritierung im Jahre 1975, auch angesichts gesundheitlicher Probleme, mehr und mehr zurück. Briefe an Freunde zeigten, daß er aus der wachsenden Distanz immer noch Anteil nahm und, danach gefragt, auch seinen Rat nicht verweigerte. Am Ende wurde er von einem langen Leiden durch den Tod erlöst. Sein Wirken als Wissenschaftler für die Angewandte Mathematik wird Bestand haben, und für alle, die ihn gekannt haben, wird seine Persönlichkeit unvergessen bleiben.

K. Kirchgässner

8.3 Görtler 1936: Ein Beitrag zum Verständnis unseres Wollens

Der vollständige Artikel von Henry Görtler in der Deutschen Mathematik 1936

Aus der studentischen Fachschaftsarbeit

Ein Beitrag zum Verständnis unseres Wollens.

Kamerad Kubach hat in seinem Aufruf „Studenten, in Front!"[1]) das ausgesprochen, was aus den Reihen unserer Kameraden mit wohl weniger Erkenntnis ihres Wollens im einzelnen als gesundem Gefühl für das gerade Gewachsene immer wieder zum Ausdruck kam. Der bezeichnete Mangel an Klarheit im einzelnen war aber gewiß unwesentlich gegenüber der einen Tatsache, daß diese Kameraden alle spürten: Hier ruft ein Wollen zur Tat, hier wartet eine Aufgabe, der jeder nach seinen Kräften vorbehaltlos zu dienen hat. Auf dieses Wollen allein kommt es an. Es ist der Ausdruck des großen Umbruchs in unserem Volke, der Bejahung jener Verpflichtung, die in den Worten ruht: Wo immer du am Werke bist, du bist Deutscher. Wer dieses in seiner Einzigartigkeit gottgewollte Schicksal verleugnet, um artwidrigem Geiste zu dienen, versperrt die Quellen eigener Kraft und begibt sich in Abhängigkeit und Knechtschaft.

Auf allen Gebieten Deutschen Schaffens erfolgte ein Ausrichten mit dem Ziel: Überwindung des Fremden in unseren Reihen, Freilegung des Eigenen zum Wohle der werdenden Gemeinschaft der Deutschen, dem wir alle mit jeder Faser unseres Seins dienen wollen. Es schien lange so, als ginge dieses Ausrichten den Mathematiker in seinem Schaffen nichts an. Zwar versah er als Deutscher Mann mit der gleichen Opferbereitschaft seinen Dienst in den Gliederungen der Bewegung, zwar jubelte nicht weniger sein Herz, als der Führer durch das Geschenk des Wehrdienstes auch ihm ermöglichte, diese Schule des Volkes zur Erstarkung unseres Vaterlandes und zur Sicherung des Friedens zu durchlaufen, zwar stand auch er mit der Sammelbüchse in den Straßen und sammelte für den minderbemittelten Volksgenossen, allein innerhalb seines wissenschaftlichen Arbeitens und Unterrichtens schien sich nichts zu ändern. Es ist verständlich, daß es die Jüngeren und insbesondere die Studenten waren, die leichter den inneren Zugang zu der Frage fanden: Nimmt denn tatsächlich die Mathematik eine Sonderstellung ein? Sie sahen zu, wie sich Kameraden und Lehrer anderer Fachschaften in ihrer wissenschaftlichen Arbeit immer mehr einreihten in die verschworene Gemeinschaft der Kämpfer für eine deutsche Wissenschaft, sie mußten irre werden dort, wo in den eigenen Reihen nicht einmal der Ansatz zu einer Klärung der eigenen Stellung festzustellen war. Denn in SA., Arbeitsdienst und Wehrmacht hatten sie gelernt, ihr ganzes Tun und Trachten mit den Maßstäben des politischen Soldaten zu beurteilen, und sie waren nicht bereit, an den Pforten ihrer Wissenschaft die Augen zu schließen.

Beschämend genug und bedauerlich ist es, daß wir Jungen eingestehen müssen: Der Einbruch der neuen Schau in den Bereich unseres mathematischen Arbeitens nahm uns den Boden unter den Füßen. Wir mußten sogar die Frage aufwerfen: Hat denn die Mathematik im neuen Reiche überhaupt Daseinsberechtigung? Wenn schon der junge Mathematiker zweifelte, durfte es nicht wundernehmen, wenn Nichtmathematiker und da insbesondere solche, die dank eines unbrauchbaren Mathematikunterrichts nur eine innere Abneigung gegen das für sie stets geheimnisvoll dunkel gebliebene Reich der Mathematik bewahrt hatten, die Mathematik von den Schulen verdrängt sehen wollten.

---

[1]) Deutsche Mathematik 1 (1936), S. 5.

In diesem Fragen erwuchs unter den Kameraden das Gefühl der Gemeinschaft und führte uns Gießener zu dem großen Erlebnis unseres ersten mathematischen Arbeitslagers auf der Herchenhainer Höhe [1]). Wir hatten alle das Bedürfnis, vor uns selbst Rechenschaft abzulegen, und vielleicht ließ sich dies in unseren Augen am eindringlichsten bewerkstelligen, indem wir ausgesprochen zweckgerichtete Fragen der angewandten Mathematik in Angriff nahmen (Wehrmathematik, Geländevermessung). Vielleicht sahen sogar einige von uns allein in dieser zweckbetonten Ausrichtung unserer Arbeit die Daseinsberechtigung der Mathematik – zweifellos eine Verkennung der Forderungen, denen wir mit unserer Arbeit gerecht werden wollten. Wir wollen die Sachlage nicht im Übereifer schief ansehen. Grundlage unserer neuen Sicht ist das Kennzeichen: Daseinsrecht hat in unserem Volke, was artecht ist und unserer Art förderlich ist. Daseinsrecht hat insbesondere die Mathematik dann, wenn sie kraftvoller Ausdruck nordisch-deutschen Geistes ist. Daseinsrecht hat mathematisches Denken dann nicht, wenn es einer uns fremden und entgegengesetzten Geisteshaltung entspringt, der wir nur unter Aufgabe des uns Eigenen folgen können. An erster Stelle steht somit, wie dies schon mehrfach ausgesprochen wurde, die Frage nach den Merkmalen Deutscher Mathematik, d. h. nach dem uns arteigenen Stilgesetz mathematischen Denkens in Problemstellung, -wertung und -lösung. Was ist in der Mathematik in seiner Artgebundenheit Ausdruck rassischen Stils, was dagegen ist artunabhängig, bloße Eigenschaft? Schönheit gehört wie Wahrheit zu den von jeder Rasse anerkannten Eigenschaften einer wertvollen mathematischen Theorie. Was jedoch von einer Rasse als schön empfunden wird, wie eine Rasse insbesondere mathematische Wahrheiten zur Darstellung bringt, ist Ausdruck ihres Stilgesetzes, und Ausdruck desselben Stilgesetzes ist es, welche Wahrheiten diese Rasse durch eigene schöpferische Forschung in das Licht der Erkenntnis zu setzen vermochte.

Wenn sich studentische Arbeitsgemeinschaften an verschiedenen Hochschulen bereits an die Frage der Stilgesetze mathematischen Schaffens heranwagten und einigen großen Forschern einen Beitrag zur Klärung ablauschten, so ist dieser Versuch durchaus zu begrüßen. Aber ich will nicht verschweigen, daß die Gesamtaufgabe so groß und so wesentlich ist, daß sie nicht ohne umfassende Erfahrung und genaueste Kenntnis der betreffenden Forscher sowohl in ihren eigensten Werken als in bezug auf Charakter, Weltanschauung und den geschichtlichen Ort ihres Wirkens zu bewältigen ist. Studentische Arbeitsgemeinschaften werden mit dem Impuls ihres jungen Wollens stets nur den Anfang machen können. Und das ist schon viel.

Ich glaube nicht, daß wir Jungen in diesem Suchen im Gegensatz zu der Mehrzahl unserer Lehrer stehen. Wir werden uns jedenfalls selbst nicht in eine Opposition hineindrängen, die mehr dem Schmollen eines sich nicht verstanden fühlenden Jugendlichen ähnelt als der Kampfstellung gegen einen wirklich starken Feind. Wir haben Zeit. Wir sprechen aus, was uns notwendig erscheint. Wir drängen nicht. Diejenigen unter den Älteren, bei denen nicht jedes blutmäßige Fühlen aus dem Denkprozeß ausgeschaltet ist, werden uns bei der großen Arbeit der Klärung die Hand reichen. Auf die übrigen „geistig Emigrierten" können wir verzichten.

Wesentlich für die Arbeit unserer Fachschaften ist es, neben der gekennzeichneten grundlegenden Aufgabe weitere Ansatzpunkte unseres nationalsozialistischen Wollens aufzuweisen, wo jedoch durch selbständige studentische Arbeit in kürzerer Zeit wesentliche Ergebnisse erzielt werden können. Neben den recht vielgestaltigen Vorschlägen, die bereits in dieser Zeitschrift gemacht wurden, sei hier auf die Behandlung von Fragen der mathematischen Erblehre in

[1]) Siehe Bericht in dieser Zeitschrift 1 (1936), S. 12.

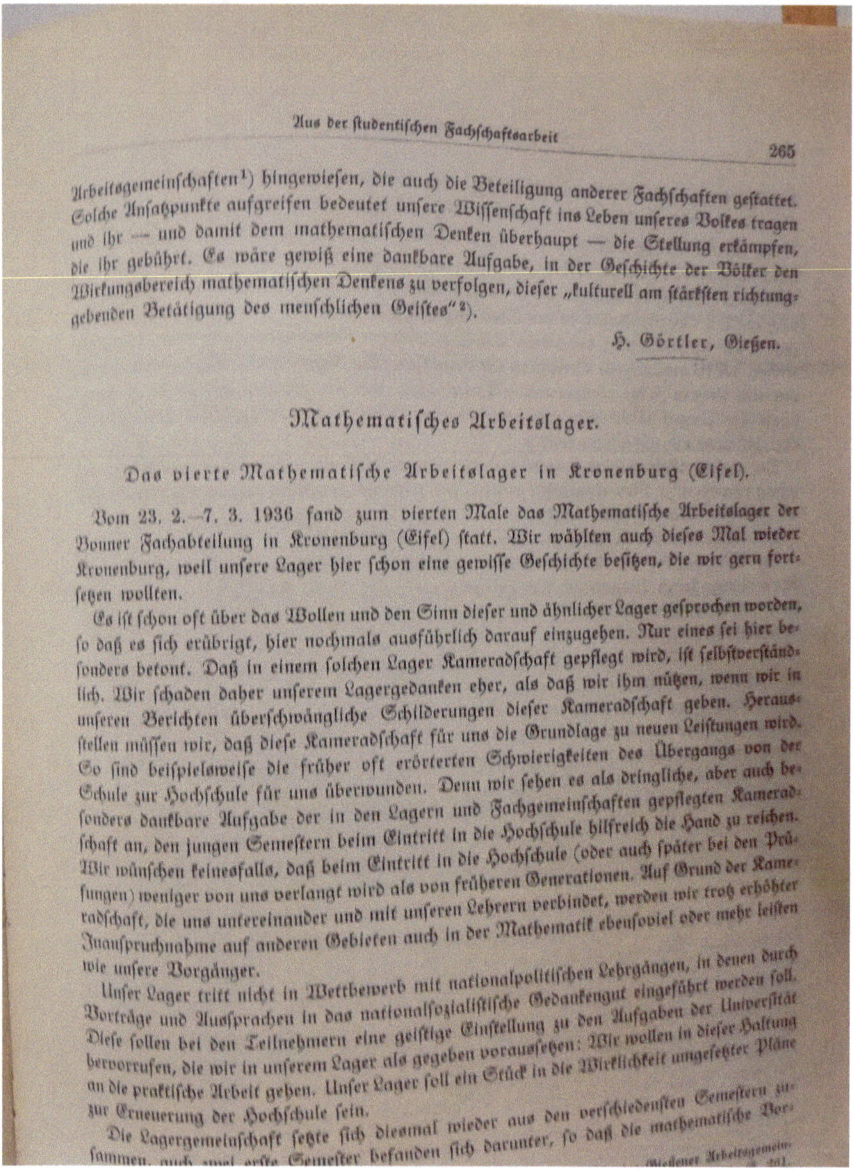

Aus der studentischen Fachschaftsarbeit 265

Arbeitsgemeinschaften[1]) hingewiesen, die auch die Beteiligung anderer Fachschaften gestattet.
Solche Ansatzpunkte aufgreifen bedeutet unsere Wissenschaft ins Leben unseres Volkes tragen
und ihr — und damit dem mathematischen Denken überhaupt — die Stellung erkämpfen,
die ihr gebührt. Es wäre gewiß eine dankbare Aufgabe, in der Geschichte der Völker den
Wirkungsbereich mathematischen Denkens zu verfolgen, dieser „kulturell am stärksten richtung-
gebenden Betätigung des menschlichen Geistes"[2]).

H. Görtler, Gießen.

Mathematisches Arbeitslager.

Das vierte Mathematische Arbeitslager in Kronenburg (Eifel).

Vom 23. 2.–7. 3. 1936 fand zum vierten Male das Mathematische Arbeitslager der
Bonner Fachabteilung in Kronenburg (Eifel) statt. Wir wählten auch dieses Mal wieder
Kronenburg, weil unsere Lager hier schon eine gewisse Geschichte besitzen, die wir gern fort-
setzen wollten.

Es ist schon oft über das Wollen und den Sinn dieser und ähnlicher Lager gesprochen worden,
so daß es sich erübrigt, hier nochmals ausführlich darauf einzugehen. Nur eines sei hier be-
sonders betont. Daß in einem solchen Lager Kameradschaft gepflegt wird, ist selbstverständ-
lich. Wir schaden daher unserem Lagergedanken eher, als daß wir ihm nützen, wenn wir in
unseren Berichten überschwängliche Schilderungen dieser Kameradschaft geben. Heraus-
stellen müssen wir, daß diese Kameradschaft für uns die Grundlage zu neuen Leistungen wird.
So sind beispielsweise die früher oft erörterten Schwierigkeiten des Übergangs von der
Schule zur Hochschule für uns überwunden. Denn wir sehen es als dringliche, aber auch be-
sonders dankbare Aufgabe der in den Lagern und Fachgemeinschaften gepflegten Kamerad-
schaft an, den jungen Semestern beim Eintritt in die Hochschule hilfreich die Hand zu reichen.
Wir wünschen keinesfalls, daß beim Eintritt in die Hochschule (oder auch später bei den Prü-
fungen) weniger von uns verlangt wird als von früheren Generationen. Auf Grund der Kame-
radschaft, die uns untereinander und mit unseren Lehrern verbindet, werden wir trotz erhöhter
Inanspruchnahme auf anderen Gebieten auch in der Mathematik ebensoviel oder mehr leisten
wie unsere Vorgänger.

Unser Lager tritt nicht in Wettbewerb mit nationalpolitischen Lehrgängen, in denen durch
Vorträge und Aussprachen in das nationalsozialistische Gedankengut eingeführt werden soll.
Diese sollen bei den Teilnehmern eine geistige Einstellung zu den Aufgaben der Universität
hervorrufen, die wir in unserem Lager als gegeben voraussetzen: Wir wollen in dieser Haltung
an die praktische Arbeit gehen. Unser Lager soll ein Stück in die Wirklichkeit umgesetzter Pläne
zur Erneuerung der Hochschule sein.

Die Lagergemeinschaft setzte sich diesmal wieder aus den verschiedensten Semestern zu-
sammen, auch zwei erste Semester befanden sich darunter, so daß die mathematische Ver-

8.4 Empfehlungsschreiben Görtlers

In einem Brief des Studenten Püschel an Süss wird folgende Empfehlung von Görtler zitiert [75] (Abb. 8.1 und 8.2):

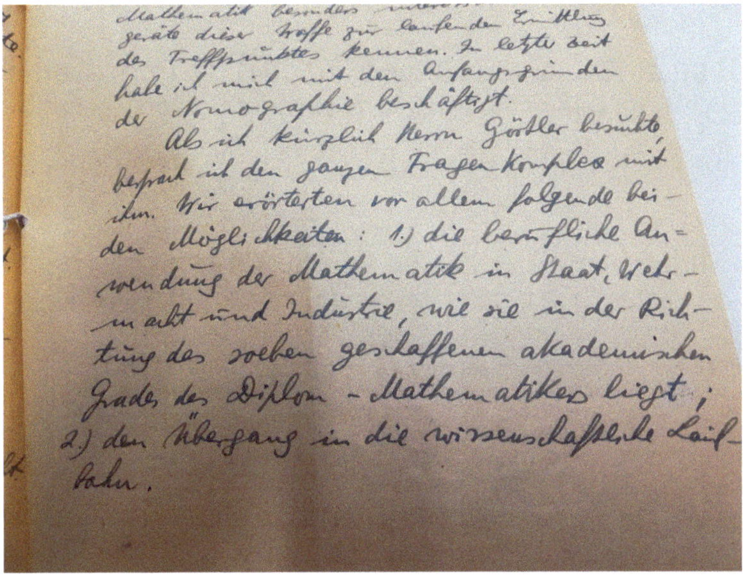

Mathematik besonders [illegible] gerade diese Stoffe zur laufenden Ermittlung des Treffpunktes kennen. In letzter Zeit habe ich mich mit den Anfangsgründen der Nomographie beschäftigt.

Als ich kürzlich Herrn Görtler besuchte, besprach ich den ganzen Fragenkomplex mit ihm. Wir erörterten vor allem folgende beiden Möglichkeiten: 1.) die berufliche Anwendung der Mathematik in Staat, Wehrmacht und Industrie, wie sie in der Richtung des soeben geschaffenen akademischen Grades des Diplom-Mathematikers liegt; 2.) den Übergang in die wissenschaftliche Laufbahn.

Abb. 8.1 Empfehlungsschreiben Teil 1

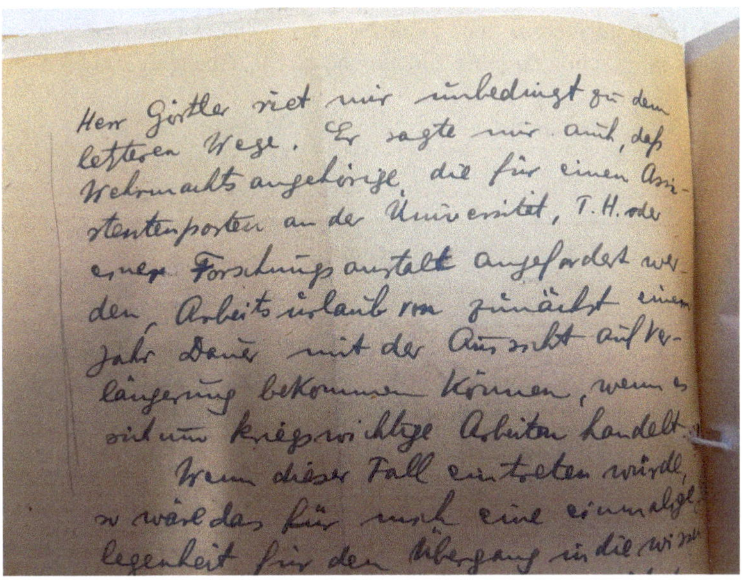

Herr Görtler riet mir unbedingt zu dem letzteren Wege. Er sagte mir auch, daß Wehrmachtsangehörige, die für einen Assistentenposten an der Universität, T.H. oder einer Forschungsanstalt angefordert werden, Arbeitsurlaub von zunächst einem Jahr Dauer mit der Aussicht auf Verlängerung bekommen können, wenn es sich um kriegswichtige Arbeiten handelt.

Wenn dieser Fall eintreten würde, so wäre das für mich eine einmalige Gelegenheit für den Übergang in die wissen-

Abb. 8.2 Empfehlungsschreiben Teil 2

8.5 Briefe

8.5.1 Briefe von Süss an Görtler 21.07.1942, 11.10.1944, Brief von Süss an Dekan 08.10.1945, Archiv der Universität Freiburg

Siehe hier Abb. 8.3, 8.4, 8.5, 8.6, 8.7 und 8.8

8.5.2 Brief von Faies an Prandtl vom 20.10.1926

[1]

Siehe hier Abb. 8.9

8.5.3 Brief von Professor Krause, 12.03.2018

Egon Krause 52072 Aachen, den 12. 3. 2018 Ph. D., F.W.I.F. Fischweiher 4

Herrn Professor Dr. Dietmar Kröner Mathematisches Institut Albert-Ludwigs-Universität Freiburg Hermann-Herder-Str. 10 79104 Freiburg

Lieber Herr Kröner

Vielen Dank für Ihr freundliches Schreiben vom 5. März 2018. Sie fragen darin an, ob ich Ihnen noch etwas über meine Begegnungen mit Henry Görtler berichten kann. Das liegt ja schon 50 Jahre zurück, und an Einzelheiten kann ich mich leider nicht mehr erinnern.

Mit Görtlers Arbeiten bin ich zuerst in Kontakt gekommen, als ich meine Dissertation (AIAA J. Vol. 5, July 1967, pp. 1231–1237) an der NYU vorbereitete. Die damals vorhandenen Lösungen der Grenzschichtgleichungen wiesen noch Unregelmäßigkeiten in der Behandlung der Anfangsbedingungen und in dem Fortsetzungsverfahren selbst auf, was mich veranlasste, Görtlers Arbeiten genau zu studieren. Seine Ergebnisse halfen mir sehr, eine iterative Lösung der Prandtlschen Grenzschichtgleichungen, die Teil meiner Dissertation war, zu finden.

Etwa zwei Jahre später hatte ich Gelegenheit, Görtler persönlich kennenzulernen. Nach meiner Rückkehr aus den USA wurde ich in der DFVLR beauftragt, dort vorliegende Ergebnisse über Gaszentrifugen zu überprüfen. Da bis dahin nur widersprüchliche Abschätzungen vorlagen, lud der Vorstand zu einer Diskussion ein, an der auch Professor Görtler teilnahm, so meine ich, und ich glaube mich zu erinnern, dass wir uns bei dieser Gelegenheit kennenlernten.

Einige Zeit später hielt ein deutscher Wissenschaftler von der University of Maryland einen Vortrag über die numerische Lösung der Poisson-Gleichung. Seinen Namen habe ich vergessen, aber da ich damals an der Lösung der Navier-Stokes-Gleichungen arbeitete, fragte ich bei Professor Görtler an, ob E. H. Hirschel, mit dem ich damals zusammen arbeitete, und ich nach Freiburg kommen könnten, um uns den Vortrag anzuhören. Görtler willigte sofort ein, und so fuhren wir nach Freiburg,

[1] Archiv der Max-Planck-Gesellschaft, Berlin, I-044-0542.

Görtler

15

Dozent Dr.H.Görtler

KAISER WILHELM-INSTITUT FÜR STRÖMUNGSFORSCHUNG

GÖTTINGEN · BÖTTINGERSTRASSE 6

Herrn

Professor Dr.W. S ü s s

F r e i b u r g i. Br.

Josefstr.7.

Fernruf: Nr. 3653 (Sammelnummer der Aerodynamischen Versuchsanstalt Göttingen e.V.)

Bankverbindung: Commerzbank, Filiale Göttingen

Postscheckkonto: Hannover Nr. 458 29

Briefanschrift: K.W.-Institut für Strömungsforschung Göttingen, Schließfach 263.

Bei Beantwortung bitte angeben:

Ihr Zeichen: Ihre Nachricht vom: Unser Zeichen: Tag: 21.7.42.

Betrifft:

Sehr geehrter Herr Professor Süss !

Für die freundliche Zusendung Ihrer Freiburger Rektoratsrede "Werden und Wesen der Geometrie" sage ich Ihnen meinen aufrichtigen Dank ! Ebenso danke ich Ihnen für die überaus liebenswürdigen Worte der Anerkennung für meine bisherige Arbeit. Sie ist gewiss nur ein Anfang, und doch brauchen gerade wir Jüngeren hin und wieder solche ermutigenden Worte aus berufenem Munde.

Die Anwendungsgebiete der Mathematik haben auf mich schon in meiner Studienzeit eine besondere Anziehungskraft ausgeübt. Es war für mich eine entscheidende Wendung, als mir die Möglichkeit gegeben wurde, als Schüler von Prof. Prandtl diese Arbeitsrichtung zielbewusst aufzunehmen. Meine Pläne für die Zukunft richten sich daher auch in erster Linie auf die vielgestaltigen mathematischen Probleme und Aufgaben, welche mir im Laufe meiner Tätigkeit am hiesigen Institut begegnet sind. Daneben aber werde ich mich, wenn erst dieser Krieg beendet sein wird, wieder Fragen der reinen Mathematik, insbesondere der Fortführung meiner in Giessen begonnenen

Abb. 8.3 Brief Görtler an Süss, Teil 1

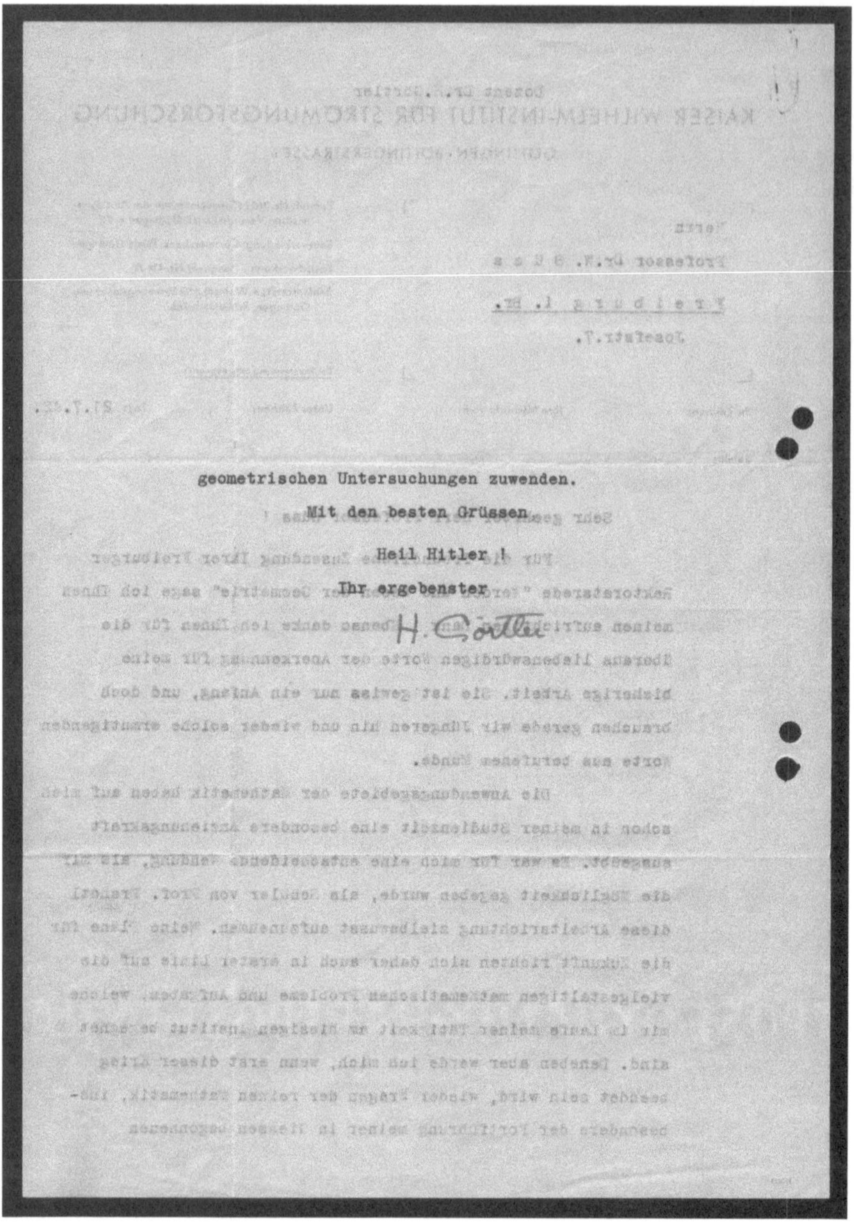

geometrischen Untersuchungen zuwenden.

Mit den besten Grüssen

Heil Hitler !

Ihr ergebenster

H. Görtler

Abb. 8.4 Brief Görtler an Süss, Teil 2

Göttingen, den 11.10.44. 21

Lieber Herr Süss !

Nachdem ich gestern Abend den beiliegenden Brief geschrieben hatte, erhielt ich heute Ihren Brief vom 3.10. - er war "nur" 8 Tage unterwegs. Haben Sie herzlichen Dank. Wir werden also in Freiburg im kommenden Winter lesen ! Wenn im Winter ebensoviel Alarm gegeben wird wie bisher, werden wir wohl stark auf die Abendstunden zurückgreifen müssen. Egal, es soll mich freuen, wenn wir das Semester allen Schwierigkeiten zum Trotz durchführen können.

Ich habe die Absicht, am Freitag d.20.d.M. hier abzufahren. Hoffentlich wird vorher noch die Transportsperre aufgehoben, damit sich mein Teilumzug durchführen lasst. Sollte dies der Fall sein, so müsste ich zunächst nach Freiburg fahren, wenn nicht, so komme ich Ihrem Wunsche entsprechend gern erst einmal nach Lorenzenhof, auf einige Tage. Da ich wegen der schlechten Postverbindung wohl kaum noch definitiven Bescheid geben kann, bitte ich Sie mit meinem Erscheinen auf Lorenzenhof an einem der Tage kurz nach dem 20. rechnen zu wollen.

Ich habe heute bereits mit Herrn Wielandt gesprochen. Da es nun mit dieser Frage ernst wird, habe ich ihm vertraulich die notwendigen Angaben über das Reichsinstitut und über meine Teilaufgabe auf dem Gebiete der mathematischen Strömungsforschung, für die er eingespannt werden soll,gemacht. Herr Wielandt ist, wie ich erwartet und erhofft hatte, grundsätzlich gern bereit, mitzuarbeiten. Die praktische Durchführung wird vermutlich seitens seiner Institutsleitung (Prof.Küssner) auf Schwierigkeiten stossen. Diese Frage wird zweckmässig zunächst durch eine Aussprache zwischen Wielandt und Küssner geklärt werden. Herr Wielandt glaubt, die erwarteten Schwierigkeiten allein meistern zu können, und wird heute oder morgen mit Herrn Küssner verhandeln. Notfalls werde ich nachzuhelfen suchen. Wenn seine Lösung von der AVA geklärt ist, werden wir ihn bei seiner Wehrmachtsdienststelle anzufordern haben.

Herr Schwarz (bisher ebenfalls bei Küssner tätig gewesen) wird sich inzwischen wieder bei Ihnen gemeldet haben. Ich habe kürzlich mit ihm gesprochen. Er hat sich zwar ausgezeichnet erholt, ich möchte aber nicht empfehlen, dass Sie ihn ins Reichsinstitut übernehmen. Ich werde Ihnen mündlich über

Abb. 8.5 Weiterer Brief Görtler an Süss, Teil 1

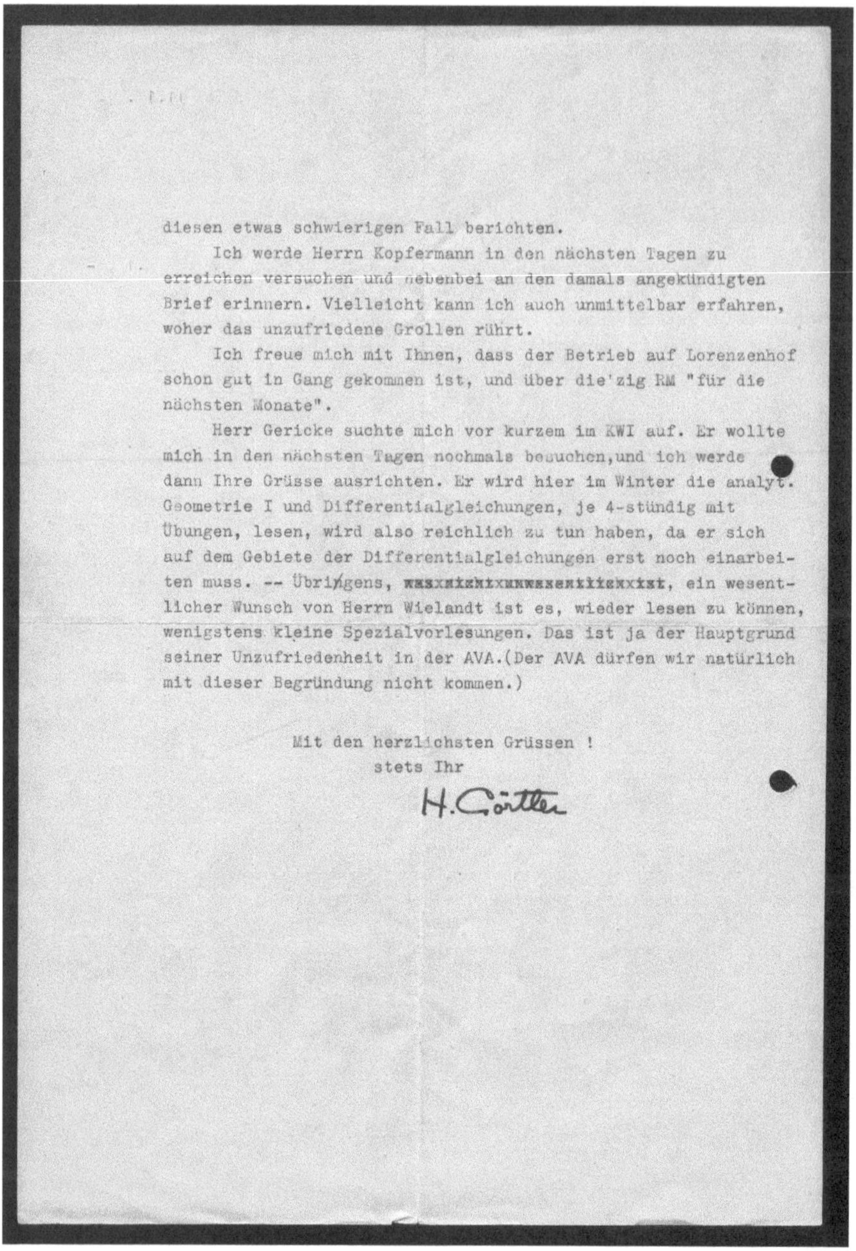

diesen etwas schwierigen Fall berichten.

Ich werde Herrn Kopfermann in den nächsten Tagen zu erreichen versuchen und nebenbei an den damals angekündigten Brief erinnern. Vielleicht kann ich auch unmittelbar erfahren, woher das unzufriedene Grollen rührt.

Ich freue mich mit Ihnen, dass der Betrieb auf Lorenzenhof schon gut in Gang gekommen ist, und über die'zig RM "für die nächsten Monate".

Herr Gericke suchte mich vor kurzem im KWI auf. Er wollte mich in den nächsten Tagen nochmals besuchen,und ich werde dann Ihre Grüsse ausrichten. Er wird hier im Winter die analyt. Geometrie I und Differentialgleichungen, je 4-stündig mit Übungen, lesen, wird also reichlich zu tun haben, da er sich auf dem Gebiete der Differentialgleichungen erst noch einarbeiten muss. -- Übrigens, ~~wasxnichtxunwesentlichxist~~, ein wesentlicher Wunsch von Herrn Wielandt ist es, wieder lesen zu können, wenigstens kleine Spezialvorlesungen. Das ist ja der Hauptgrund seiner Unzufriedenheit in der AVA.(Der AVA dürfen wir natürlich mit dieser Begründung nicht kommen.)

Mit den herzlichsten Grüssen !

stets Ihr

H. Görtler

Abb. 8.6 Weiterer Brief Görtler an Süss, Teil 2

Prof.Dr.W.Süss Oberwolfach, den 8.10.45.

22

An den Herrn Dekan
der Naturwissenschaftlich-Mathematischen Fakultät
der Universität F r e i b u r g i.B.

Spektabilität !

Die Suspendierung unseres Kollegen G ö r t l e r veranlasst mich dazu, Ihnen über die politische Haltung dieses meines nächsten Mitarbeiters am Mathematischen Institut aus meiner Kenntnis zu berichten. Leider ist ja Prof. Görtler erst seit 1944 in Freiburg tätig und nach dem Verlust unseres Institutsgebäudes hierher übergesiedelt, sodass er bisher nur wenigen Kollegen in Freiburg bekannt geworden ist und diesen zumeist nur oberflächlich. Eine Ausnahme bildet Kollege Hönl , der mit Herrn Görtler schon in Göttingen zusammengearbeitet hat und ihn seitdem besser kennt.

Man hat wohl selten so gut Gelegenheit, einen Kollegen genauer kennen zu lernen wie hier bei der gemeinsamen Arbeit und bei dem praktischen Zusammenleben im Institut. Was nun die bei der Frage der "Entnazifizierung" zur Überprüfung stehende politische Haltung von Prof.Görtler betrifft, so sind alle Mitarbeiter des hiesigen Instituts mit mir darin einig, dass Herr Görtler sich nicht im mindesten als überzeugter Anhänger der NSDAP gezeigt oder gar aktiv betätigt hat. Im Gegenteil: Er passte in seiner Haltung ganz vorzüglich in den Kreis der Mathematiker, die sich hier zusammengefunden hatten, und die sämtlich dem politischen Geschehen mit äusserster Zurückhaltung und Skepsis, in stiller Ablehnung gegenüber standen, die sich im kleinen Kreis in starker Kritik äusserte.

Die Suspendierung des Kollegen Görtler kann ich mir nur so erklären, dass zur Beurteilung allein sein Fragebogen herangezogen worden ist, da andere Auskünfte über ihn nicht vorhanden waren, zumal er von dem Untersuchungs-Ausschuss der Universität noch nicht gehört worden ist. Ich bitte nun, dass dieser Ausschuss sich des Falles Görtler besonders intensiv annimmt, um die mir unter vielen Gesichtspunkten ungerecht scheinende Suspendierung von Görtler wieder rückgängig zu machen.

Was den von Herrn Görtler im Mai abgegebenen Fragebogen betrifft, so enthält er noch nicht die Angabe, dass Görtler neben der deutschen auch die kanadische Staatsangehörigkeit besitzt. Es wäre zu prüfen, ob die entsprechende Mitteilung, die Herr Görtler erst nach Besuch britischer Besatzungsbehörden zu machen in der Lage war, der Militärregierung nachgereicht worden ist. Herr Görtler hat zudem seinen Fragebogen ungeschickt ausgefüllt und einen für ihn unrichtig ungünstiges Bild entstehen lassen dadurch, dass er Wesentliches hinzuzufügen unterlassen hat. Sein Fragebogen enthält auf Seite 2 eine Anzahl von Ja-Antworten. Zum mindesten muss zur richtigen Beurteilung erläuternd hinzugefügt werden, dass drei der Ja-Antworten, das Ja beim NSLB bis 1937, danach bei der DAF 1937 - 1943 und dann beim Dozentenbund ab 1943 nur die Zwangsmitgliedschaft entsprechend der jeweiligen Berufsstellung betreffen und vielfach garnicht zu umgehen war; die erste von ihnen hatte die späteren zur zwangsläufigen Folge und die erste war schon automatisch mit der Einstellung als Studienreferendar und dann Assistent verbunden. Ferner war die Mitgliedschaft bei der SA für den damaligen Studenten Görtler als Schüler und Mitarbeiter eines jüdischen Professors 1933 die Voraussetzung seitens der Studentenführung für die Fortsetzung seines Studiums. Ich glaube, dass die verschiedenen Mitgliedschaften in anderem Lichte erscheinen werden, wenn man diese Verhältnisse kennt und beachtet.

Schliesslich darf ich noch auf einen gleichfalls wesentlichen

Abb. 8.7 Brief von Süss an den Dekan der Naturwissenschaftlich-Mathematischen Fakultät, Teil 1

23

Punkt aufmerksam machen: Herr Görtler ist nicht etwa unter politischen Gesichtspunkten oder gar mit Unterstützung der Partei berufen worden, sondern als bester mathematischer Mitarbeiter des Direktors des KWI für Strömungsforschung, Prof. Prandtl, der in aller Welt als der führende Mann seines Faches anerkannt und überall hochgeschätzt wird. Seine Berufung hat trotz seiner hervorragenden Leistungen durch die Nachprüfung der Partei-Instanzen in München sich um mehr als ein Jahr hinausgezögert, woraus eindeutig hervorgeht, dass Herr Görtler durchaus nicht besonders in der Gunst der Partei gestanden hat.

Eine genauere Schilderung der wissenschaftlichen Bedeutung des Kollegen Görtler, der auch ein hervorragender akademischer Lehrer ist, der der Universität unbedingt erhalten bleiben sollte, haben Sie schon in Ihren Akten, wie ich annehmen darf. Ich hoffe, dass diese wie meine vorstehenden Angaben es Ihnen und der Universität ermöglichen, bei der Militärregierung eine günstige endgültige Entscheidung für den Verbleib des Kollegen Görtler bei der Universität herbeizuführen, womit dem Fache und der Gerechtigkeit zugleich gedient sein wird.

Ew. Spektabilität
dankbar ergebener

W. Süss

Abb. 8.8 Brief von Süss an den Dekan der Naturwissenschaftlich-Mathematischen Fakultät, Teil 2

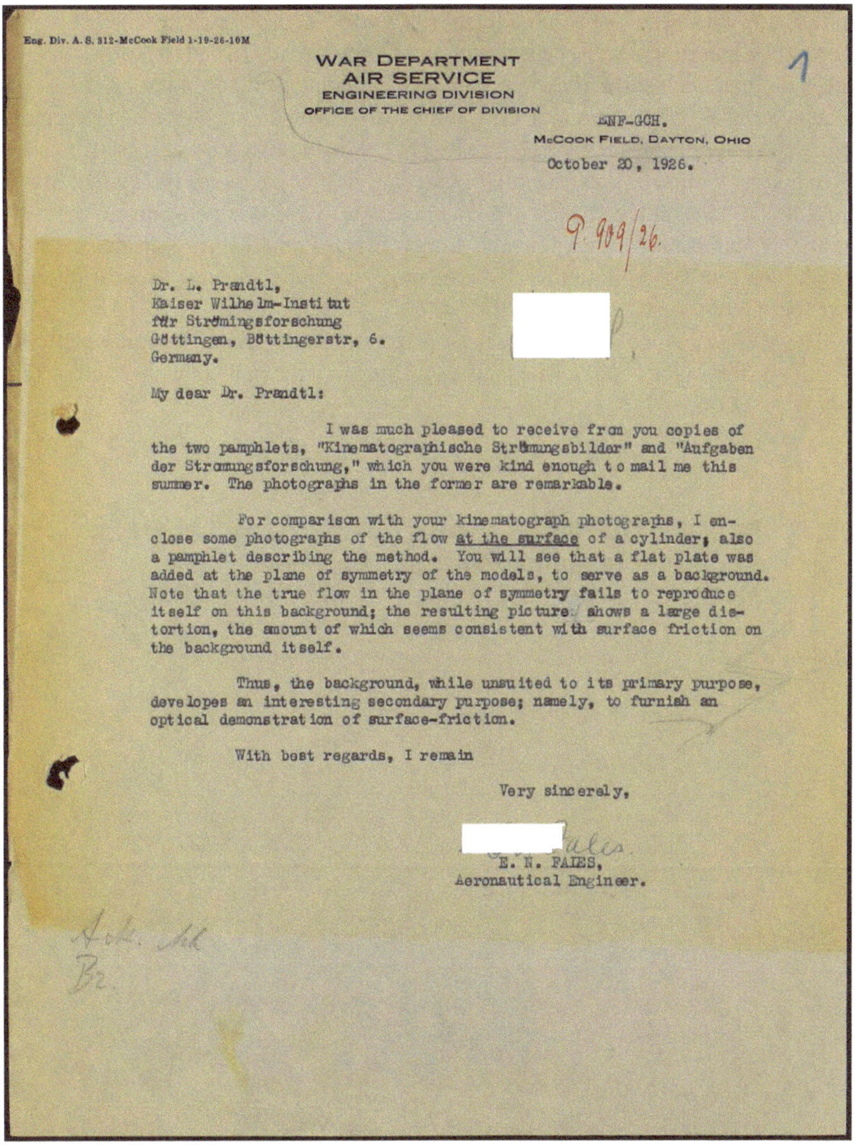

Eng. Div. A. S. 312-McCook Field 1-19-26-10M

WAR DEPARTMENT
AIR SERVICE
ENGINEERING DIVISION
OFFICE OF THE CHIEF OF DIVISION

1

ENF-GCH.
McCOOK FIELD, DAYTON, OHIO
October 20, 1926.

P. 909/26.

Dr. L. Prandtl,
Kaiser Wilhelm-Institut
für Strömingsforschung
Göttingen, Böttingerstr, 6.
Germany.

My dear Dr. Prandtl:

I was much pleased to receive from you copies of the two pamphlets, "Kinematographische Strömungsbilder" and "Aufgaben der Stromungsforschung," which you were kind enough to mail me this summer. The photographs in the former are remarkable.

For comparison with your kinematograph photographs, I enclose some photographs of the flow <u>at the surface</u> of a cylinder; also a pamphlet describing the method. You will see that a flat plate was added at the plane of symmetry of the models, to serve as a background. Note that the true flow in the plane of symmetry fails to reproduce itself on this background; the resulting picture shows a large distortion, the amount of which seems consistent with surface friction on the background itself.

Thus, the background, while unsuited to its primary purpose, developes an interesting secondary purpose; namely, to furnish an optical demonstration of surface-friction.

With best regards, I remain

Very sincerely,

E. N. FALES,
Aeronautical Engineer.

Abb. 8.9 Brief von Faies an Prandtl

hörten den Vortrag an und verabredeten mit Görtler, im dortigen Seminar selbst einen Vortrag zu halten. Ich weiß heute nicht mehr, worüber ich damals gesprochen habe. Ich habe nur noch in Erinnerung, dass die Begegnung mit Professor Görtler sehr angenehm war. Diese Kontakte zu Ihrem Institut blieben auch erhalten. Ich meine mich zu erinnern, dass ich auch einmal bei Prof. Nickel vorgetragen habe.

Ich kann vielleicht noch auf meinen Artikel in Lecture Notes in Applied Mathematics and Mechanics 1, S. 317–341, Ed. Erwin Stein, aufmerksam machen. Die auf S. 330 dargestellte Zeichnung der von Professor Prandtl verfassten Zeichnung zu einem von ihm konzipierten Rechner stammt, so glaube ich, aus Ihrem Institut, ich bin aber nicht sicher.

Das ist so ziemlich alles, was ich im Augenblick zu meiner Begegnung mit Professor Görtler sagen kann. Ich bedauere sehr, dass ich Ihnen nicht weiter helfen kann.
Mit besten Grüßen Ihr

(Egon Krause)

8.5.4 Brief von Görtler als Vorsitzender der Gesellschaft für Angewandte Mathematik und Mechanik an das Mathematische Forschungsinstitut Oberwolfach

[75]

171 1

Gesellschaft für angewandte Mathematik und Mechanik

(GaMM)

Vorsitzender:
Prof. Dr. H. Görtler

Freiburg i. Br., Stadtstraße 57 den 23.2.1957

Herrn
Prof. Dr. Wilhelm SÜSS
Mathematisches Institut der Universität
Freiburg i.Br.
Hebelstr. 40

Lieber Herr Süss !

Es war sehr erfreulich von Ihnen zu hören, dass Aussichten bestehen, Ihr Mathematisches Forschungsinstitut in Oberwolfach aus der bisherigen finanziellen Misere herauszuführen und ihm eine volle Verwirklichung seiner hohen Zielsetzung und seiner aussergewöhnlichen Aufgaben zu ermöglichen.

Für mich selbst, der ich von Anfang an Ihrem Institut nahegestanden und persönlich wie wissenschaftlich hiervon reiche Vorteile gehabt habe, ist, wie für zahllose andere, Ihr Wolfacher Institut zu einer einmaligen Einrichtung in Deutschland geworden, die wir uns aus dem mathematischen Leben nicht mehr fortdenken können. Ihnen verdankt es das Institut, dass trotz bescheidener finanzieller Mittel jene besondere Arbeitsatmosphäre des freien wissenschaftlichen Gedankenaustausches und der persönlichen Begegnung mit den Kollegen aus allen Teilen der Welt auf dem Boden eines schönen, wenn auch bescheiden ausgestatteten Landheimes im Schwarzwald, fernab von Verkehr und Betriebsamkeit in einer zur Besinnung auf das Wesentliche hinlenkenden erhabenen landschaftlichen Umgebung möglich wurde. Ihrer rastlosen Tätigkeit ist es ebenfalls zu verdanken, dass auf dem Wege des Austausches eigener Publikationen des Instituts eine hervorragende Arbeitsbibliothek buchstäblich aus dem Nichts aufgebaut wurde.

Der Erfolg Ihrer Bemühungen liegt heute für die ganze Welt sichtbar vor. Eine übergrosse Fülle von Tagungen, die oft in ununterbrochener Kette aufeinanderfolgten, dazu die Einzelvorträge führender Gelehrter vieler Länder, die wir dort erleben konnten, und die intensive Arbeit von Arbeitskreisen auf den verschiedensten

Postscheckkonten: Prof. Dr. H. Görtler, Karlsruhe Nr. 680 09 · Prof. Dr. Fr. A. Willers, Dresden Nr. 275 36
Bank: GaMM-Konto Nr. 425 80, Süddeutsche Bank A.G., Freiburg i. Br.

- 2 -

Gebieten unserer Wissenschaft haben Ihrem Institut treue Freunde aus allen Kulturländern zugeführt. Mit Ihrem Institut hat die deutsche Wissenschaft nach dem Kriege schon früh und in grosser Zahl wieder Freunde gewonnen. Zundem heutigen Ansehen der deutschen mathematischen Forschung in der Welt nach dem entsetzlichen Tiefstand bei und unmittelbar nach dem Zusammenbruch hat das Oberwolfacher Forschungsinstitut auf dem besonders wirkungsvollen Wege der unmittelbaren Wiederherstellung abgerissener Kontakte und der Gewinnung neuer persönlicher wissenschaftlicher Verbindungen wesentlich beigetragen.

Ich habe es immer als einen besonderen Verdienst Ihres Forschungsinstituts angesehen, dass Sie stets in so starkem Masse um unseren wissenschaftlichen Nachwuchs bemüht waren. Die vielen wissenschaftlichen Veranstaltungen des Lorenzenhofes haben regelmässig eine ungewöhnlich hohe Beteiligung junger Nachwuchsmathematiker aus Deutschland und anderen Ländern unter den Teilnehmern. Dies war insbesondere für unsere jungen Wissenschaftler, die jahrelang von der Welt abgeschnitten gewesen waren, von unschätzbarem Wert. Hier konnten sie ihre Kräfte messen und hier gewannen sie Selbstvertrauen und fanden Verbindungen, die für viele von ihnen zu ehrenvollen Einladungen ins Ausland führten.

Ihrem Institut wäre nach allen mit so bescheidenen Mitteln erzielten Erfolgen nichts wirkungsvolleres zu wünschen als jener - bei uns Schreibtisch-Wissenschaftlern immer noch relativ sehr bescheidene - finanzielle Zuschuss, der eine volle Entfaltung der im Lorenzenhof gebotenen Möglichkeiten erlaubt. Es sollte dadurch insbesondere möglich werden, a) begabte Nachwuchskräfte als Forschungsstipendiaten längere Zeit in der Abgeschiedenheit des Instituts sich ihrer Arbeit widmen zu lassen; b) in noch grösserer Zahl Arbeitskreise zu intensiver Arbeit zusammenzuführen; c)internationale Symposien mit den ihnen eigenen ausgedehnten und fruchtbaren Diskussionen unter Einladung führender Spezialisten aus anderen Ländern zu veranstalten; d) mehr als bisher auch die Anwendungen der Mathematik zu pflegen, deren Tragweite auch in unserer deutschen Industrie heute allmählich erkannt wird, nachdem diese Erkenntnis in England, den USA, der UdSSR und auch in manchen kleinen und finanzschwachen Ländern frühzeitig vorhanden war und heute mit schönsten Erfolgen nutzbar gemacht wird. Ich denke bei diesen Anwendungen nicht nur an die in weiten Kreisen eingedrungene

\- 3 -

3

Erkenntnis von der Bedeutung moderner programmgesteuerter Rechenautomaten und der Probleme der Automatisierung der Produktion, ich denke auch nicht an "Operations Research", an die Bedeutung moderner Methoden der mathematischen Statistik für die Qualitätskontrolle der Fabrikation. Ich denke vielmehr auch an die nicht so sichtbar auf der Hand liegende Bedeutung mancher neuerer Zweige der rein-mathematischen Forschung, z.B. auf dem Gebiete der Funktionalanalysis, für die sehr konkreten Probleme der praktischen Mathematik des Ingenieurs. Schliesslich möchte ich weiterhin Ihrem Institut a) einen Ausbau der Bibliothek wünschen, um jene Monographien, Zeitschriften und andere Publikationen, die nicht auf dem Wege des Austausches beschafft werden können, für Ihr Institut käuflich zu erwerben.

Die Voraussetzungen, die Ihr Institut bietet, sind zweifellos einmalig. Ihnen als dem Schöpfer und Leiter des Institutes wünsche ich aufrichtig, dass die Mittel verfügbar werden, die zur Vollendung Ihres Vorhabens erforderlich sind.

Ich verbleibe mit herzlichen Grüssen

Ihr

H. Görtler

8.6 Fragebogen zur Entnazifizierung

Siehe hier Abb. 8.10

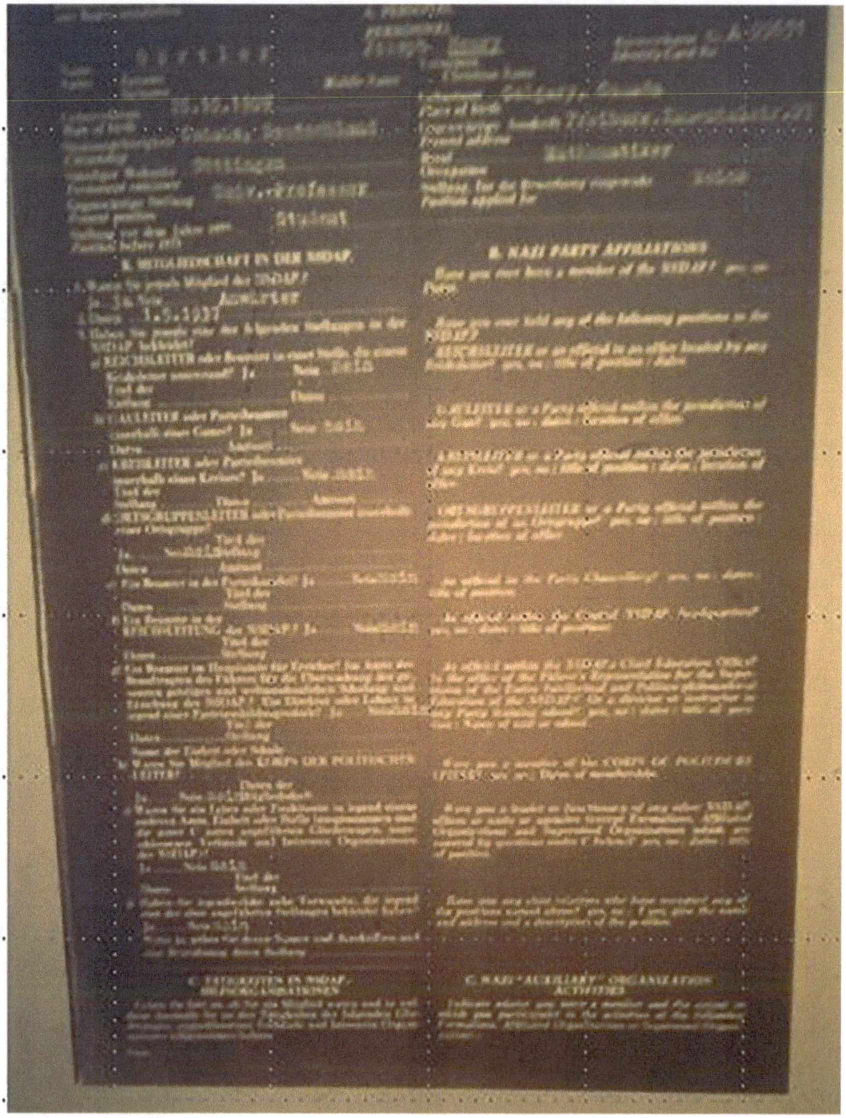

Abb. 8.10 Fragebogen

8.7 Suspendierung Görtlers

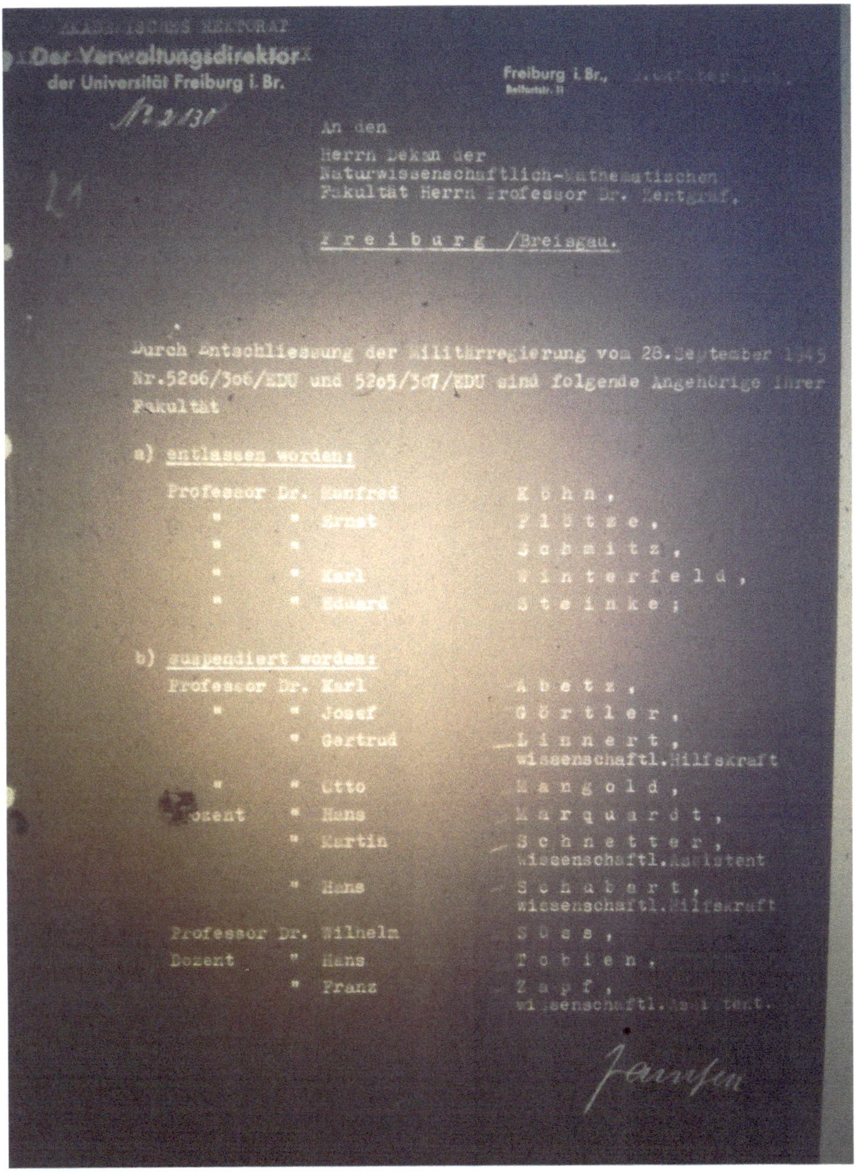

AKADEMISCHES REKTORAT
Der Verwaltungsdirektor
der Universität Freiburg i. Br.

Freiburg i. Br.,
Belfortstr. 11

An den
Herrn Dekan der
Naturwissenschaftlich-Mathematischen
Fakultät Herrn Professor Dr. Zentgraf,

Freiburg /Breisgau.

Durch Entschliessung der Militärregierung vom 28. September 1945 Nr.5206/306/EDU und 5205/307/EDU sind folgende Angehörige Ihrer Fakultät

a) entlassen worden:

Professor	Dr.	Manfred	Köhn,
"	"	Ernst	Plötze,
"	"		Schmitz,
"	"	Karl	Winterfeld,
"	"	Eduard	Steinke;

b) suspendiert worden:

Professor	Dr.	Karl	Abetz,
"	"	Josef	Görtler,
	"	Gertrud	Linnert, wissenschaftl. Hilfskraft
"	"	Otto	Mangold,
Dozent	"	Hans	Marquardt,
	"	Martin	Schnetter, wissenschaftl. Assistent
	"	Hans	Schabert, wissenschaftl. Hilfskraft
Professor	Dr.	Wilhelm	Süss,
Dozent	"	Hans	Tobien,
	"	Franz	Zapf, wissenschaftl. Assistent.

8.8 Görtlers Entgegnung zu seiner Suspendierung

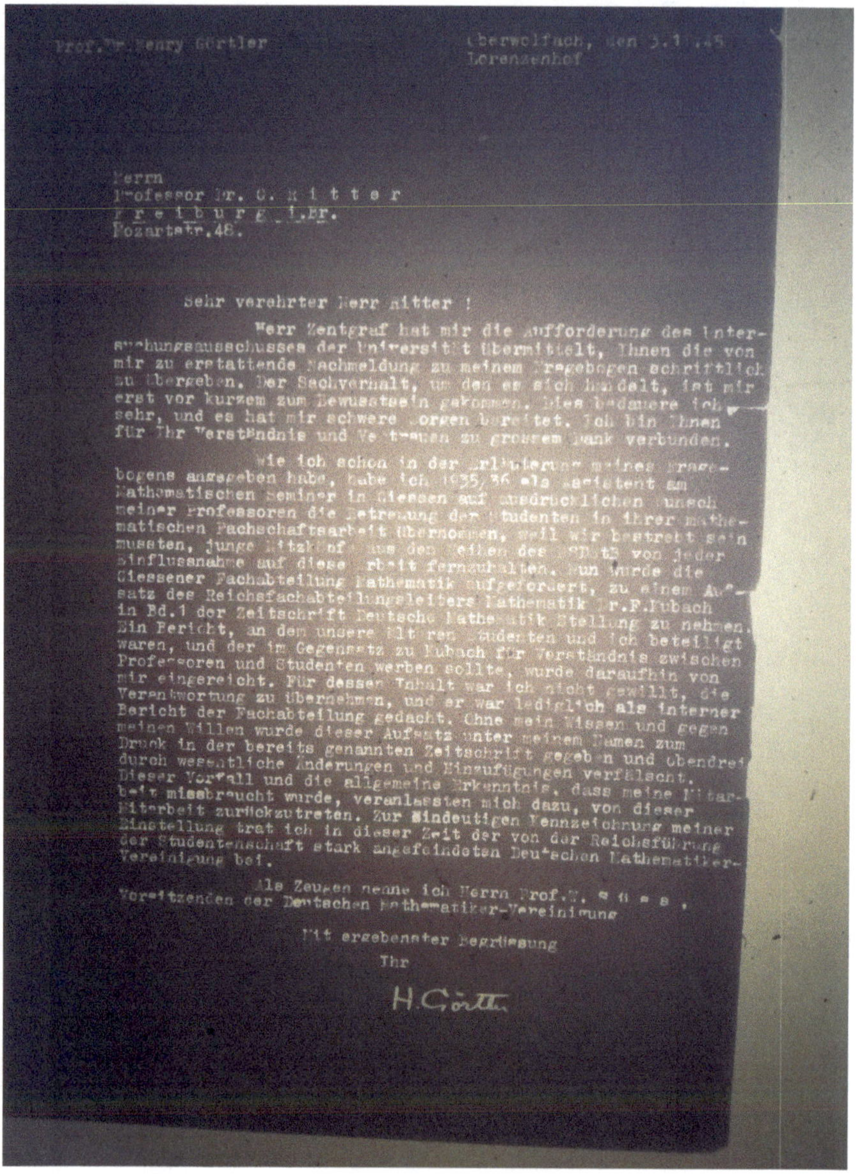

Prof. Dr. Henry Görtler
Oberwolfach, den 3.11.45
Lorenzenhof

Herrn
Professor Dr. G. R i t t e r
F r e i b u r g i.Br.
Mozartstr. 48.

Sehr verehrter Herr Ritter !

Herr Zentgraf hat mir die Aufforderung des Untersuchungsausschusses der Universität übermittelt, Ihnen die von mir zu erstattende Nachmeldung zu meinem Fragebogen schriftlich zu übergeben. Der Sachverhalt, um den es sich handelt, ist mir erst vor kurzem zum Bewusstsein gekommen. Dies bedauere ich sehr, und es hat mir schwere Sorgen bereitet. Ich bin Ihnen für Ihr Verständnis und Vertrauen zu grossem Dank verbunden.

Wie ich schon in der Erläuterung meines Fragebogens angegeben habe, habe ich 1935/36 als Assistent am Mathematischen Seminar in Giessen auf ausdrücklichen Wunsch meiner Professoren die Betreuung der Studenten in ihrer mathematischen Fachschaftsarbeit übernommen, weil wir bestrebt sein mussten, junge Hitzköpfe aus den Reihen des NSDStB von jeder Einflussnahme auf diese Arbeit fernzuhalten. Nun wurde die Giessener Fachabteilung Mathematik aufgefordert, zu einem Aufsatz des Reichsfachabteilungsleiters Mathematik Dr. F. Kubach in Bd. 1 der Zeitschrift Deutsche Mathematik Stellung zu nehmen. Ein Bericht, an dem unsere älteren Studenten und ich beteiligt waren, und der im Gegensatz zu Kubach für Verständnis zwischen Professoren und Studenten werben sollte, wurde daraufhin von mir eingereicht. Für dessen Inhalt war ich nicht gewillt, die Verantwortung zu übernehmen, und er war lediglich als interner Bericht der Fachabteilung gedacht. Ohne mein Wissen und gegen meinen Willen wurde dieser Aufsatz unter meinem Namen zum Druck in der bereits genannten Zeitschrift gegeben und obendrein durch wesentliche Änderungen und Hinzufügungen verfälscht. Dieser Vorfall und die allgemeine Erkenntnis, dass meine Mitarbeit missbraucht wurde, veranlassten mich dazu, von dieser Mitarbeit zurückzutreten. Zur eindeutigen Kennzeichnung meiner Einstellung trat ich in dieser Zeit der von der Reichsführung der Studentenschaft stark angefeindeten Deutschen Mathematiker-Vereinigung bei.

Als Zeugen nenne ich Herrn Prof. W. S ü s s , Vorsitzenden der Deutschen Mathematiker-Vereinigung

Mit ergebenster Begrüssung
Ihr

H. Görtler

8.9 Schriftverkehr zwischen Görtler, Süss und Prandtl

[75]

P408/45.

Prof.Henry Görtler

Oberwolfach, Post Wolfach i.B.
Lorenzenhof,
den 8.11.45.

Herrn
Professor Dr.Ludwig P r a n d t l
(20) G ö t t i n g e n
Calsowstrasse.

EINSCHREIBEN !

Hochverehrter, lieber Herr Prandtl !

Während bei meinem letzten Aufenthalt in Göttingen schon Prof. John T o d d und seine Begleiter vom Department of Scientific Research, Admiralty, London, ihr besonderes Interesse für das noch nicht vollendete Buch "Grenzschichtlehre" aussprachen, hat nunmehr Prof. M a n d e l b r o j t , Paris, der uns kürzlich hier aufsuchte und der in Verbindung mit Herrn Todd steht, sein ganz besonderes Interesse dafür bekundet, dass dieses Buch zum Abschluss gebracht werde. Er sprach sogar von der Möglichkeit, mir zu diesem Zwecke die neuere ausländische Literatur auf diesem Gebiete zur Verfügung zu stellen. Prof.Mandelbrojt hatte die Absicht, Sie in Göttingen zu besuchen, hat aber dann seine Reisepläne ändern müssen.
Da ich weiss, dass es auch Ihr Wunsch ist, dass dieses Buch vollendet werden soll, möchte ich Sie heute nur bitten, dieses Vorhaben dadurch zu unterstützen, dass Sie mir zu gegebener Zeit die Möglichkeit der Arbeit im KWI verschaffen, da mir hier die Literatur nicht zur Verfügung steht. Formale Schwierigkeiten werden in diesem Falle gewiss nicht bestehen. Vorerst jedoch sollen diese Zeilen nur zu Ihrer Orientierung dienen. Es wäre denkbar, dass Herr Mandelbrojt den geplanten Besuch bei Ihnen demnächst nachholt.
Herr Prof.Mandelbrojt hat ferner meine beiden Berichte:

1. Ein Differenzenverfahren zur Berechnung laminarer Grenzschichten (UM 6615),
2. Einfluss einer schwachen Wandwelligkeit auf den Verlauf der laminaren Grenzschichten (UM 6614)

mitgenommen in der Absicht, sie in englischer oder französischer Übersetzung im Druck erscheinen zu lassen. Da zu erwarten ist, dass der Kreis interessierter Leser in England und USA grösser sein wird, als in Frankreich, da ferner unser altes Verfahren zur Berechnung der laminaren Grenzschichten aus dem Jahre 1939

(ZAMM 19. S.129-140) als Übersetzung des Air Ministry in der Zeitschrift "Journ.Roy.Aeron.Soc.",London, Bd.45, 1941 erschienen ist, würde ich wünschen, dass die obengenannten Berichte ebenfalls in England erscheinen.

Nun etwas ganz anderes. Zusammen mit Herrn Süss sind alle Freiburger Mathematiker mit Ausnahme von Herrn Doetsch suspendiert worden. Sie werden mich genügend aus den sieben Jahren meiner Arbeit am KWI kennen um zu wissen, dass ich kein Nazi-Aktivist war. Wenn Sie und andere unbelastete Herren des Instituts und vielleicht auch Herr Betz über mich eine diesbezügliche Erklärung abzugeben bereit wären, könnte mir das gewiss von Nutzen sein. Bitte betrachten Sie dies jedoch nur als Bemerkung am Rande, die auch ignoriert werden kann.

In der Hoffnung, dass es Ihnen nachwie vor gesundheitlich und in Ihrer Arbeit gut geht, verbleibe ich mit den herzlichsten Grüssen

stets Ihr ergebenster

H. Görtler

PS.: Bis zur Klärung in Freiburg bleibe ich hier auf Lorenzenhof. Hier findet man noch Ruhe zu vernünftiger Arbeit. Langsam beginnt auch die Zukunft unseres Reichsinstituts festere Umrisse zu bekommen, jedenfalls ist für das Dringlichste gesorgt.

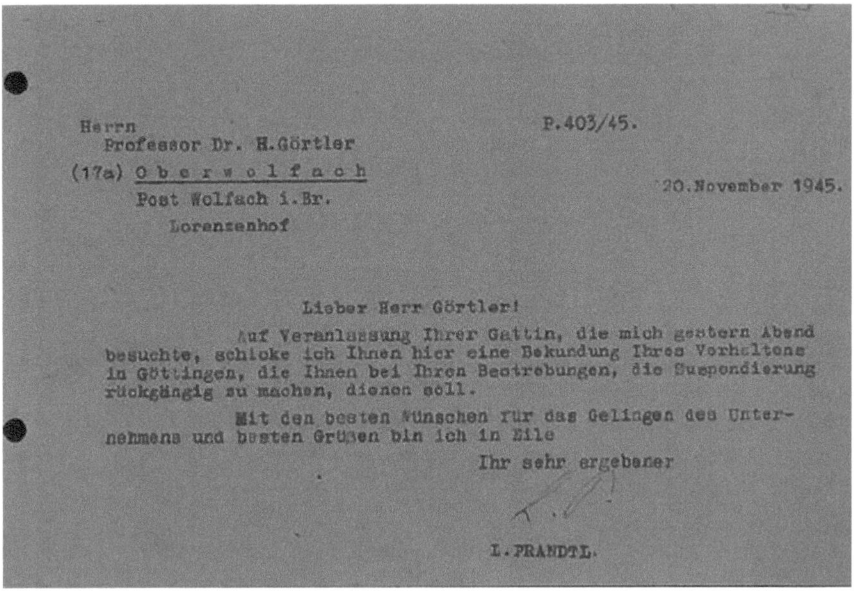

Herrn
Professor Dr. H. Görtler
(17a) O b e r w o l f a c h
Post Wolfach i.Br.
Lorenzenhof

P.403/45.

20. November 1945.

Lieber Herr Görtler!

Auf Veranlassung Ihrer Gattin, die mich gestern Abend besuchte, schicke ich Ihnen hier eine Bekundung Ihres Verhaltens in Göttingen, die Ihnen bei Ihren Bestrebungen, die Suspendierung rückgängig zu machen, dienen soll.

Mit den besten Wünschen für das Gelingen des Unternehmens und besten Grüßen bin ich in Eile

Ihr sehr ergebener

L. PRANDTL.

Pr 108/45 49

Prof.Dr.Henry Görtler

Obervolfach, Post Wolfach i.B.
Lorenzenhof.
den 16.11.45.

Erl.

Eing. 24.11.45

Herrn
Prof.Dr. Ludwig P r a n d t l
(20) G ö t t i n g e n
Kaiser-Wilhelm-Institut für Strömungsforschung
Böttinger Strasse 6.

EINSCHREIBEN !

Sehr verehrter, lieber Herr Prandtl !

In meinem Brief vom 8.d.M. hatte ich nebenbei erwähnt, dass mit Herrn Süss auch ich suspendiert worden bin und bemerkt, dass eine eventuelle Aussage von Ihnen und unbelasteten Mitarbeitern des KWI in diesem Zusammenhange für mich wertvoll sein könnte. Nunmehr muss ich Sie dringend bitten, mir wenn möglich baldigst mit einer solchen Erklärung zu Hilfe zu kommen.

Aus der Zeit meiner siebenjährigen Tätigkeit am KWI werden Sie mich hinreichend kennen um mit gutem Wissen bezeugen zu können, dass ich gewiss kein "Nazi" war. Sie werden sich vielleicht aus meinen Erzählungen erinnern, dass ich bis in den Sommer 1933 hinein private Hilfskraft und Doktorand des Giessener theoretischen Physikers George Jaffé war, der dann als Jude Giessen und Deutschland verliess. Ich bin Ende 1933 unter dem Druck der Studentenschaft und um weiterstudieren zu können, in die SA eingetreten, damit nur der Masse der Studenten nachfolgend. 1937 kam ich automatisch in die Partei. Ich habe weder in Partei und SA noch in irgendeiner anderen NS-Organisation ein Amt übernommen oder irgendeine andere Funktion ausgeübt.

Während die Freiburger Kollegen, die mich aus der Zeit seit meiner Berufung 1944 kennen und unbelastet sind, geschlossen hinter mir stehen, brauche ich gerade für die Jahre 1937–44 Zeugen. Die Beschaffung dieser Erklärungen eilt nunmehr. Ich sehe mich daher genötigt, mit der obigen Bitte an Sie heranzutreten. Ich hoffe, dass auch andere unbelastete Mitarbeiter des KWI und vielleicht auch Herr Betz und Mitarbeiter sich anschliessen werden. Das wäre für mich von grösstem Wert.

Entschuldigen Sie, dass ich Sie mit diesen unerfreulichen Dingen belasten muss. Sie werden wissen, wie peinlich mir dies alles ist. Aber in der grossen Sorge, die auf mir lastet, bleibt mir nichts anderes übrig.

Mit den besten Wünschen und herzlichen Grüssen, auch an alle Mitarbeiter und alten Freunde am KWI,

Stets Ihr ergebenster

H. Görtler

Prof.W.Süss

Oberwolfach, Post Wolfach
Mathematisches Reichsinstitut
Lorenzenhof
Fernruf: Wolfach 311

den 28.11.45.

Herrn
Professor Dr. L. P r a n d t l
(20) G ö t t i n g e n
Calsowstr. 15

EINSCHREIBEN !

Hochverehrter Herr Kollege Prandtl !

Ihre gutachtliche Äusserung aus Anlass der Suspendierung unseres Kollegen Görtler ist gestern zusammen mit dem Gutachten des Kollegen Kaluza hier eingegangen. Der Untersuchungs-Ausschuss der Universität, der sich einstimmig für Herrn Görtler erklärt hat, wird durch die von Ihnen abgegebene Erklärung in dieser Haltung nur bestärkt werden.

Ihr Gutachten richtet sich, wie wir der Abfassung zu entnehmen glauben, unter Hervorhebung der deutschen Interessen an der Wiedereinsetzung von Herrn Görtler in sein Amt an die massgebenden d e u t s c h e n Stellen. Ich würde es für dringend ratsam halten – und dies ist der unmittelbare Anlass meines Schreibens – dass Sie eine entsprechende Erklärung zur Verwendung bei der Militärregierung des Landes Baden, bei der die Entscheidung liegt, abgeben würden. Diese Erklärung müsste sich eindeutig darüber äussern, ob Herr Görtler sich aktiv im Sinne der NSDAP betätigt hat oder nicht. Wenn dies der Fall gewesen wäre, wäre Ihnen dies während der siebenjährigen Tätigkeit Görtlers als einer Ihrer führenden Mitarbeiter gewiss nicht unbekannt geblieben. Wer Herrn Görtler kennt, wird Ihrer sehr treffenden Bemerkung nur beipflichten können, dass er nur seine wissenschaftliche Arbeit gekannt hat.

Herrn Görtler wird seine nominelle Mitgliedschaft zur Partei und hierzulande besonders zur SA zur Last gelegt. Er hat mir erklärt und wird dies auch nachweisen können, dass sein Eintritt in die SA als junger Student unter dem Druck der Giessener Studentenführung erfolgte, nachdem er bis in den Sommer 1933 hinein Mitarbeiter und Doktorand des jüdischen theoretischen Physikers George Jaffé gewesen war. Nur so konnte er sein Studium fortsetzen. (Dass er an Veranstaltungen der SA nicht über das unbedingt Geforderte hinaus teilnahm, beweist schon die Tatsache, dass er den "Scharführer" nicht erreicht hat. Seit 1939 war er, nachdem ihm der Austritt verweigert wurde, vollständig vom Dienst beurlaubt. Auch sportlich hat er sich nicht hervorgetan, was man Ihrer Äusserung wird vielleicht entnehmen wollen. Er erklärt selbst, dass ihm dazu jede Veranlagung fehle, und dass er seine Teilnahme am Dienst in der SA stets zumindest als Zeitverschwendung ansah. Die lange Reihe seiner Publikationen beweist ja auch, dass er seine Zeit besser zu nutzen verstanden hat.)

Es scheint mir wesentlich zu sein, dass der Militärregierung gerade von Ihnen als seinem langjährigen Chef und Lehrer die klare Bestätigung gegeben wird, dass Herr Görtler sich nicht aktiv für die NSDAP betätigt hat, auch wenn er zwangsweise der SA und 1937 dann automatisch der Partei zugeführt wurde, und dass er ferner, wie Sie bereits erklärt haben, seiner ganzen Einstellung nach ein unpolitischer Mensch ist, dem wissenschaftliche Arbeit das einzig Wichtige ist.

Wenn Sie ein solches Schreiben wieder in einer kurzen Beurteilung seiner Leistungen in Forschung und Lehre ausklingen liessen, so würde dieses bei der Militärregierung wohl sicher von ganz besonderer Bedeutung für die zu treffende Entscheidung sein, und ich bin überzeugt, dass Ihnen die gesamte Universität Freiburg mit mir dankbar sein wird für Ihre Hilfe, uns Herrn Görtler als Kollegen zu erhalten.

In der Hoffnung, dass Ihre Arbeit Ihnen in ihren Erfolgen auch in dieser schweren Zeit Befriedigung gibt, bin ich

mit den verehrungsvollsten Grüssen
Ihr Ihnen stets sehr ergebener

W. Süss

Gutachtliche Äußerung
über
Professor Dr. Heinrich Görtler
von der Universität Freiburg/Br.
anläßlich seiner Suspendierung.

P.404/45.

Professor G ö r t l e r ist, wie mir gemeldet wurde, wegen seiner Parteizugehörigkeit vom Dienste suspendiert worden. Vom 15.August 1937 bis zum 30.April 1944 war er ein führender Mitarbeiter des Kaiser-Wilhelm-Instituts für Strömungsforschung. Als der Leiter des Instituts hatte ich daher sehr viel Gelegenheit, ihn in seiner ganzen Art näher kennen zu lernen. Unsere Gespräche waren niemals politischer Art gewesen und ich bin deshalb geneigt, ihn für einen unpolitischen Menschen zu halten, dem wissenschaftliche Arbeit das einzig Wichtige ist. Nach meinem Eindruck ist er in jungen Jahren in Giessen in die SA eingetreten und hat sich, wie ich höre, innerhalb der SA sportlich betätigt. Später wurde er dann zwangsweise in die Partei überführt.

Ich erwähne bei dieser Gelegenheit gerne, daß er dem Institut eine Reihe sehr wertvoller Arbeiten geliefert hat. Daneben war er Dozent für reine und angewandte Mathematik an der Universität und hat nach allem, was man darüber hörte, eine sehr erfolgreiche Lehrtätigkeit ausgeübt. Es liegt also im wohlverstandenen deutschen Interesse, ihn in seine Lehrtätigkeit an der Universität Freiburg i.Br. wieder einzusetzen, zumal nur wenige wirklich gute Vertreter seines Faches angewandte Mathematik in Deutschland verfügbar sind.

Göttingen, den 20.November 1945.

Prof. Dr. Ludw. Prandtl

Professor Dr. LUDWIG PRANDTL.

Abschr. Prandtl ...

Weitere Äußerungen aus dem Bereich des Kaiser-Wilhelm-Instituts für Strömungsforschung anläßlich der Suspendierung von Prof.Dr. H.GÖRTLER von der Universität Freiburg/Br.

P.407/45. 26.11.1945.

Meiner Eingabe vom 20.November d.J. betreffend die Wiedereinsetzung von Professor Dr. H. G ö r t l e r in seine Freiburger Professur lasse ich heute drei Äußerungen von früheren Göttinger Kollegen von Professor Görtler, sämtlich wissenschaftliche Mitarbeiter des Kaiser-Wilhelm-Instituts für Strömungsforschung, folgen. Die drei Äußerungen geben in sehr erwünschter Weise ein klares Bild über die wahre politische Einstellung von Dr.Görtler und machen es glaubhaft, daß er seinerzeit nur durch Druck seitens von Mitstudenten in die SA eingetreten ist, aus welcher Mitgliedschaft er dann später zwangsläufig Parteimitglied wurde.

Kaiser Wilhelm-Institut
für Strömungsforschung
Der Direktor
L.P.

L:PRANDTL.

Ich kenne Dr.Görtler seit 1939 und habe mich oft mit ihm über politische Fragen unterhalten, vor allem seit ich vom Dezember 1940 an als Angehöriger des Kaiser-Wilhelm-Instituts täglich mit ihm dienstlich zu tun hatte. Niemals habe ich das Gefühl gehabt, ihm gegenüber vorsichtig sein zu müssen, obgleich ich häufig in aller Schärfe einen Standpunkt vertrat, der sich mit den damals herrschenden Ansichten nicht vereinigen ließ. Ich möchte hinzufügen, daß sich Dr.Görtler ohne Rücksicht

-2-

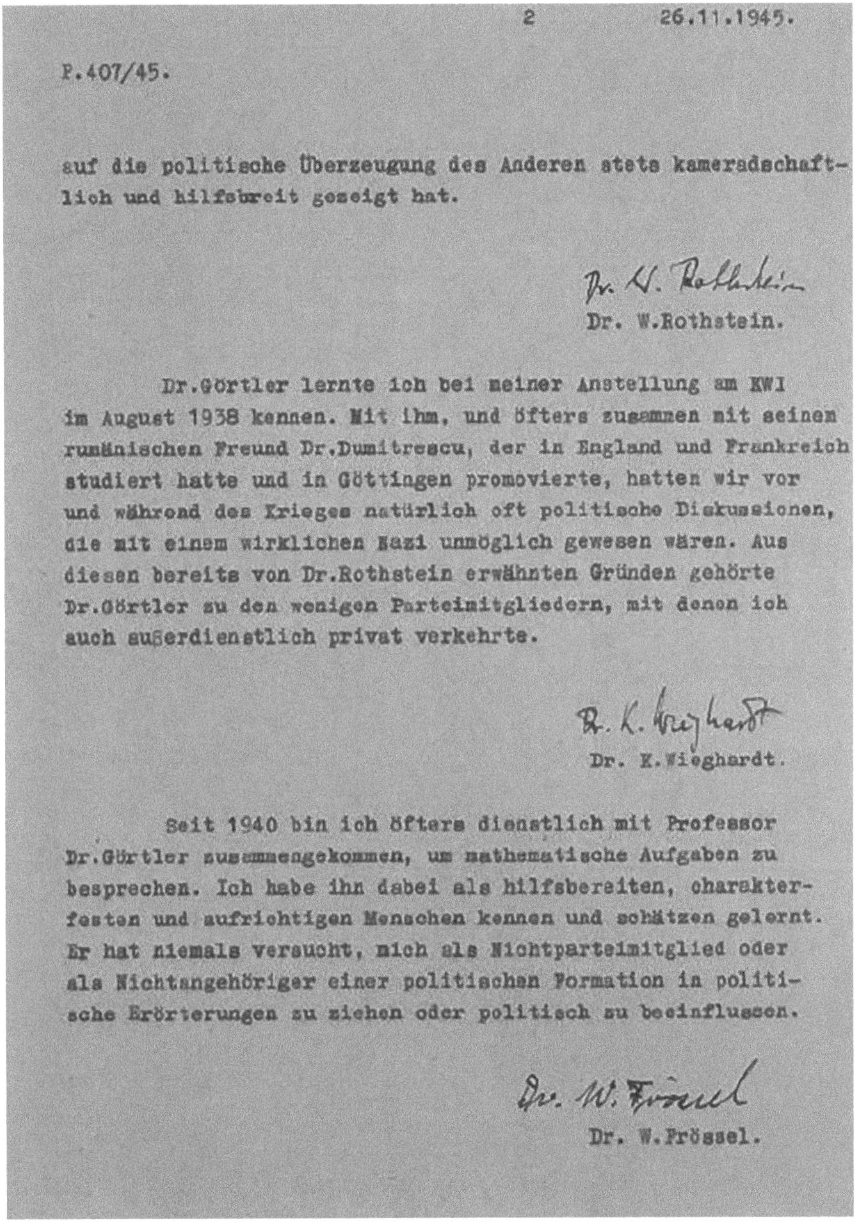

2 26.11.1945.

P.407/45.

auf die politische Überzeugung des Anderen stets kameradschaftlich und hilfsbreit gezeigt hat.

Dr. W. Rothstein
Dr. W.Rothstein.

Dr.Görtler lernte ich bei meiner Anstellung am KWI im August 1938 kennen. Mit ihm, und öfters zusammen mit seinem rumänischen Freund Dr.Dumitrescu, der in England und Frankreich studiert hatte und in Göttingen promovierte, hatten wir vor und während des Krieges natürlich oft politische Diskussionen, die mit einem wirklichen Nazi unmöglich gewesen wären. Aus diesen bereits von Dr.Rothstein erwähnten Gründen gehörte Dr.Görtler zu den wenigen Parteimitgliedern, mit denen ich auch außerdienstlich privat verkehrte.

Dr. K. Wieghardt
Dr. K.Wieghardt.

Seit 1940 bin ich öfters dienstlich mit Professor Dr.Görtler zusammengekommen, um mathematische Aufgaben zu besprechen. Ich habe ihn dabei als hilfsbereiten, charakterfesten und aufrichtigen Menschen kennen und schätzen gelernt. Er hat niemals versucht, mich als Nichtparteimitglied oder als Nichtangehöriger einer politischen Formation in politische Erörterungen zu ziehen oder politisch zu beeinflussen.

Dr. W. Prössel
Dr. W.Prössel.

Herrn
Professor Dr. Henry Görtler

(17a) O b e r w o l f a c h
Post Wolfach i.B.
Lorenzenhof

E i n s c h r e i b e n !

P.408/45. 27.11.1945.

Lieber Herr Görtler!

Ihre beiden Briefe vom 8. und 16.11. habe ich mit einem Tage Abstand erhalten. Auf den letzteren hin habe ich eine weitere Bekundung über Ihre politische Einstellung durch drei meiner Mitarbeiter veranlaßt und übersende Ihnen diese hier in zwei Ausfertigungen. Mein Schreiben vom 20.November, das unter "Einschreiben" am gleichen Tage abging, ist hoffentlich in Ihre Hände gelangt.

Zu Ihrem Bericht über die Besprechungen mit Professor Mandelbrojt habe ich festgestellt, daß bisher von Ihren Berichten keine Übersetzung hier angefertigt worden ist, was aber nicht ausschließt, daß irgendwo in Paris oder London schon jemand darangegangen ist. Es werden hier nur diejenigen Berichte übersetzt, die nicht gleich in der allerersten Zeit als Beute mitgenommen werden konnten. Was das Buch betrifft, so scheint die Herausgabe einer englischen Übersetzung im Moment wohl das Geeignete zu sein. Vielleicht kann man den deutschen Text später einmal veröffentlichen. Auf alle Fälle würde ich aber es für richtig ansehen, daß Sie mit Dr.Mangler konform vorgehen, der ja doch für einen erheblichen Teil des Buches selbst Material gesammelt hat. Soviel ich von ihm höre, hat er den eigentlichen Text noch nicht verfaßt.

Mit besten Wünschen, besonders für Erreichung des zunächst angestrebten Nahziels, und besten Grüßen, auch an Herrn Süss,

Ihr

L.P.

2 Anlagen

L.PRANDTL.

41

MATHEMATISCHES INSTITUT DER UNIVERSITÄT
ABTLG. ANGEWANDTE MATHEMATIK

Prof.H.Görtler

FREIBURG I. BR., DEN 4.12.45.

A.
Wer am 13.1.46 hier.

Herrn
Prof.Dr.L. P r a n d t l

(20) G ö t t i n g e n
Kaiser-Wilhelm-Institut
für Strömungsforschung,
Böttingerstrasse 6.

IHR ZEICHEN: IHRE NACHRICHT VOM: UNSER ZEICHEN:

BETRIFFT:

Hochverehrter, lieber Herr Prandtl !

Ich danke Ihnen aufrichtig für die Hilfe, die Sie mir durch Ihre gutachtliche Äusserung vom 20.11. in meiner Freiburger Angelegenheit haben zukommen lassen. Das Gutachten wurde sofort dem Untersuchungsausschuss der Universität zugeleitet. Dieser Ausschuss und alle anderen Stellen der Universität und des Ministeriums haben sich inzwischen sehr stark für mich eingesetzt. Nunmehr hat die Militärregierung eine Reihe von provisorischen Reintegrierungen innerhalb unserer Fakultät ausgesprochen. An der Spitze dieser Liste steht mein Name, unter den etwa 15 weiteren Namen folgen auch H ö n l und unser Dozent G e r i c k e , der noch vor dem Zusammenbruch vertretungsweise in Göttingen gelesen hat. Die ehemaligen Freiburger Rektoren erfahren offenbar eine besondere Behandlung, aber gestern erreichte uns die freudige Nachricht, dass unser verehrter und verdienter Herr S ü s s ebenfalls provisorisch reintegriert worden ist. Wir haben die Anweisung erhalten, mit der Wiederaufnahme der Vorlesungen in unserer Fakultät sofort zu beginnen. Zunächst scheitert dies allerdings daran, dass uns in den Trümmern unserer Institute ein einziger Hörsaal zur Verfügung steht. Ferner sind die beiden Vertreter der Experimentalphysik entlassen worden. Vertraulich kann ich Ihnen mitteilen, dass hier bei den Vorschlägen für die Neubesetzung der Name M o l l w o gefallen ist.

Heute sind nun die Äusserungen der Herren Rothstein, Wieghardt und Fröss l hier eingegangen. Ich gebe sie sofort an den Ausschuss weiter und bin Ihnen zu grossem Dank verbunden, dass Sie diese Aktion für mich veranlasst haben. Ich werde den beteiligten Herren noch heute eigens schreiben.

Von Herrn Mandelbrojt-Paris habe ich inzwischen noch nichts gehört. Selbstverständlich werde ich wegen des Buches "Grenzschichtlehre" keine Abmachungen treffen, ohne mich zuvor mit Herrn Mangler verständigt zu haben, auf dessen aktive Mitarbeit ich unbedingt rechne. Ich habe dies auch Herrn Mandelbrojt gegenüber betont. Leider hat Herr Mangler bisher erst sehr wenig zum Manuskript beisteuern können, aber vielleicht wird man ihm an der AVA jetzt die erforderliche Zeit einzuräumen bereit sein. Bedrängt durch meine Freiburger Sorgen habe ich Herrn Mangler noch nicht geschrieben, beabsichtige

O/1033

Herrn
Professor Dr. W. S ü s s
Mathematisches Reichsinstitut

(17a) Oberwolfach
Post Wolfach i.B.
Lorenzenhof

E i n s c h r e i b e n!

28.11.45. P.421/45. 5.12.1945.

Sehr geehrter Herr Kollege!

Ihr obiger Einschreibebrief ist gestern hier angekommen. Ich beeile mich, Ihren Wünschen zu entsprechen, und habe eine neue Auflage meines Gutachtens vom 20.November verfertigt, in dem ich auch einige schriftliche Äußerungen von Mitarbeitern des Kaiser-Wilhelm-Instituts, die Herrn Görtler in der Zwischenzeit zugegangen sein werden, mit verwerten konnte. Ich erwähne, daß ich die Bemerkung über Görtlers sportliches Verhalten von Frau Görtler habe, die mir berichtete, daß er in Gießen das SA-Sportabzeichen erworben hätte. In der Vermutung, daß dies garnicht so ganz leicht zu erwerben sein würde, habe ich es als eine erwähnenswerte Tatsache angesehen. Da die Sache ja für die politische Anschauung nicht wesentlich ist, habe ich sie in dem neuen Schreiben herausgelassen.

Ich habe das Schreiben nicht an die badische Militärregierung direkt gerichtet. Da Sie mir die Anschrift dieser Stelle nicht angegeben haben, vermute ich, daß ich das Schreiben Ihnen zuschicken soll.

Mit den besten Wünschen für einen guten Erfolg der Aktion (auch derjenigen, die Sie persönlich betrifft) bin ich

Ihr sehr ergebener

L.P.

L.PRANDTL.

Gutachtliche Äußerung
über
Professor Dr. Henry Görtler
von der Universität Freiburg/Br.
anläßlich seiner Suspendierung.

P.420/45. 5.12.1945.

Wie mir gemeldet wurde, ist Professor G ö r t l e r wegen seiner Parteizugehörigkeit vom Dienst suspendiert worden. Er war von August 1937 bis April 1944 ein führender wissenschaftlicher Mitarbeiter des Kaiser-Wilhelm-Instituts für Strömungsforschung. Auf Grund meines eigenen Eindrucks von ihm und von Befragung von drei seiner engeren Mitarbeiter kann ich mit aller Bestimmtheit erklären, daß er kein aktiver Nationalsozialist war. Er ist vielmehr ein durchaus unpolitischer Mensch, dem wissenschaftliche Arbeit das einzig Wichtige ist. Meine Mitarbeiter heben von ihm hervor, daß man bei ihm nie das Gefühl gehabt habe, ihm gegenüber bei der Äußerung der eigenen politischen Ansicht irgendwie vorsichtig sein zu müssen, und daß häufig politische Diskussionen geführt worden wären, die mit einem wirklichen Nazi unmöglich gewesen wären. Irgendein Versuch, jemand anders politisch im Sinne des Nationalsozialismus zu beeinflussen, kam niemals vor. Die ganze Einstellung von Görtler kann dadurch gut verstanden werden, daß, wie mir von anderer Seite berichtet wird, er seinerzeit als Student nur aus einer Notlage heraus zur SA gegangen ist und von hier aus dann zwangsläufig nach einer gewissen Anzahl von Jahren in die Partei überführt worden ist. Alle befragten Mitarbeiter betonen seine Kameradschaftlichkeit, Hilfsbereitschaft, Aufrichtigkeit und Charakterfestigkeit.

b.w.

In meiner Eigenschaft als Direktor des Instituts erwähne ich noch, daß er dem Institut eine Reihe sehr wertvoller Arbeiten geliefert hat und daß er daneben an der Universität Göttingen als Dozent für reine und angewandte Mathematik sehr erfolgreich tätig war. Das Verlangen der Universität Freiburg, ihn wieder als Universitätslehrer zurückzuerhalten, ist, da es sich um eine wissenschaftlich äußerst wertvolle Persönlichkeit handelt, also vollauf gerechtfertigt.

Prof. L. P.

Professor L. PRANDTL.
Direktor des Kaiser-Wilhelm-Instituts für Strömungsforschung.

Prof.Dr.v.Sanden (20a) Hannover,d.26.2.1949.
Podbielskistrasse 112. Tel: 65778

Sehr verehrter Herr Prandtl !

Wir haben hier Berufungssorgen bei Besetzung des Ordinariats von Conrad Müller, der emeritiert ist. Es kommt sehr in Frage ein Prof. G ö r t l e r, jetzt a.O. in Freiburg. Er war 1939 mit der Abhaltung von Vorlesungen in Göttingen betraut. Hat sich dort 40 habilitiert und wurde 44 nach Freiburg berufen. Seine wissenschaftliche Qualifikation geht aus seinen zahlreichen Arbeiten ja genügend deutlich hervor. Aber wie liest er ?? Könnten Sie uns darüber Auskunft geben? Bei unseren Studenten ist die Fähigkeit fesselnd vorzutragen von grosser Bedeutung, da sie im Durchschnitt keine grosse Neigung haben, mathematische Dinge um ihrer selbst willen aufzufassen, und leider auch keine Zeit, ihre Vorlesungen gründlich durchzuarbeiten. Ich nehme an, dass er in Göttingen vorzugsweise über Mechanik gelesen hat. Aber auch dabei kann er sich ja als guter Dozent bewähren oder nicht.

Wir würden eine Auskunft von Ihnen sehr dankbar annehmen und selbstverständlich vertraulich behandeln.

Wir haben zwei Ordinarien auf unserer Liste. Aber leider lässt sich das Ministerium nicht zu der Ansicht bekehren, dass es sich etwas kosten lassen muss, wenn man einen bereits bewährten Mann haben will. Es zieht einen " jungen Mann " vor, weil der billiger ist. Und da müssen wir uns diesen jungen Mann schon möglichst genau ansehen.

Mit den besten Wünschen und Grüssen

Ihr

v Sanden

Herrn Professor
Dr. H. v. S a n d e n

(20a) H a n n o v e r
Podbielskistr.112

Pp.63. 2.3.49.

Sehr geehrter Herr v.Sanden!

Aus Ihren freundlichen Zeilen vom 26.2.49 ersehe ich, daß sich Ihre Fakultät für Professor G ö r t l e r, z.Zt. in Freiburg, interessiert. Da ich mich während er in meinem Institut tätig war, nie näher um seine Dozententätigkeit an der Universität gekümmert habe, habe ich zunächst, um mich selbst ins Bild zu setzen, die in Betracht kommenden Vorlesungsverzeichnisse hergeholt. Seine Dozententätigkeit beginnt mit dem Sommer-Semester 1941 und endet mit dem Winter-Semester 1944. In dieser Zeit hat er folgende Vorlesungen und Übungen gehalten:

S.S.1941 Variationsrechnung mit Anwendungen. 3 Std. Vorlesungen und 2 Std. Übungen.

W.S.41/42 Analytische Geometrie I. 4 Std. Vorlesungen und 1 Std. Übungen.-Proseminar über Determinanten 1 Std.

S.S.1942 Analytische Geometrie II. 4 Std. Vorlesungen und 1 Std. Übungen.

W.S.42/43 Analytische Geometrie III. 4 Std. Vorlesungen und 1 Std. Übungen.

S.S.1943 Numerische und graphische Methoden. 2 Std. Vorlesungen.-Praktikum über numerische und graphische Methoden 2 Std.

W.S.43/44 Gewöhnliche Differentialgleichungen. 3 Std. Vorlesungen und 1 Std. Übungen.

Die Stoffauswahl ist also ganz ähnlich dem, was an der Technischen Hochschule nötig ist. Von meinen jetzigen Mitarbeitern hat nur einer ~~bei ihm~~ einmal als Student eine der Kursusvorlesungen von Görtler mitgemacht und äußerte sich darüber:

bitte wenden

"Seine Vorlesungen sind sehr klar und diszipliniert. Die Gliederung des Stoffes kommt den Hörern deutlich zum Bewußtsein." Ein anderer Mitarbeiter hat von ihm nur gelegentlich einmal einen Vortrag gehört und fand seine Vorträge immer recht klar. Derselbe sagt, er erinnere sich, daß einer von Görtlers Hörern eine besondere Klarheit der Görtlerschen Vorlesungen und die gute Tafeldisziplin gerühmt habe. Trotz der Verständlichkeit wäre er aber nicht in den Anfängen stecken geblieben,*) sondern hätte das ganze Pensum ordnungsgemäß erledigt.

Nach diesen Auskünften kann ich Ihnen also Herrn Görtler mit bestem Gewissen empfehlen und würde mich freuen, wenn er durch die Berufung nach Hannover auch mir selbst wieder näher gerückt würde.

Was seine Göttinger Forschungstätigkeit betrifft, so möchte ich sagen, daß er seinem Werdegang und seiner inneren Einstellung nach Mathematiker ist. Er hat sich in seiner Tätigkeit an meinem Institut in physikalischen Dingen von mir führen lassen, dabei aber seine mathematischen Fähigkeiten in erfreulicher Weise zur Lösung von einer Reihe verschieden gearteter Aufgaben recht erfolgreich eingesetzt. Als er neu nach hier kam, war er wesentlich reiner Mathematiker, hat sich aber durch seine hiesige Tätigkeit in die verschiedenen Zweige der modernen angewandten Mathematik eingearbeitet, was auch seiner Dozententätigkeit sehr zugute gekommen ist.

Mit der Bitte um freundliche Grüße an die mir bekannten Hannoverschen Kollegen, besonders an Herrn Konrad Müller,

Ihr Ihnen sehr ergebener

L. P.

*) wie das besonders bei reinen Mathematikern vorkommen soll!

8.10 Gehaltseinbuße

[75]

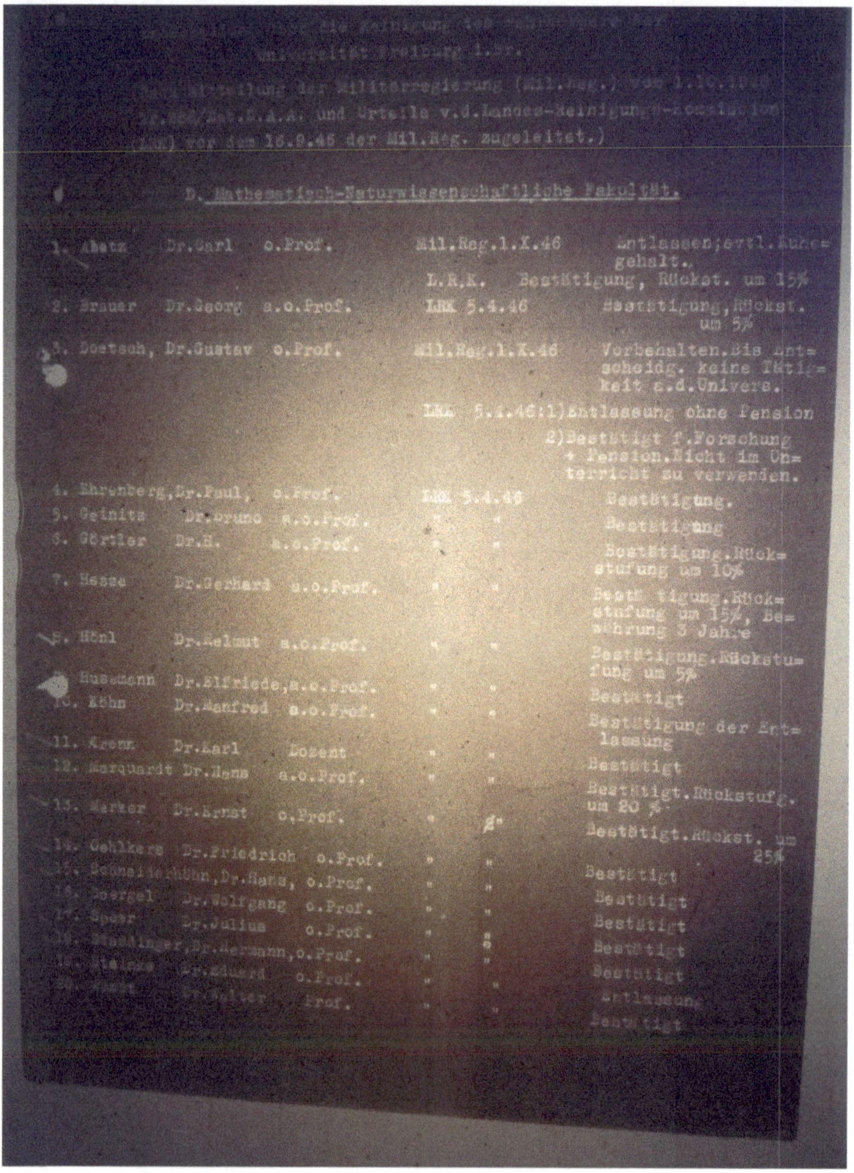

[illegible] die Reinigung des [illegible] der
Universität Freiburg i.Br.
[illegible] (Mitteilung der Militärregierung (Mil.Reg.) vom 1.10.1946
Nr. [illegible] und Urteile v.d. Landes-Reinigungs-Kommission
(LRK) vor dem 16.9.46 der Mil.Reg. zugeleitet.)

D. Mathematisch-Naturwissenschaftliche Fakultät.

1. Ahatz Dr. Carl o.Prof. Mil.Reg.1.X.46 Entlassen; evtl. Ruhegehalt.
L.R.K. Bestätigung, Rückst. um 15%
2. Brauer Dr. Georg a.o.Prof. LRK 5.4.46 Bestätigung, Rückst. um 5%
3. Doetsch, Dr. Gustav o.Prof. Mil.Reg.1.X.46 Vorbehalten. Bis Entscheidg. keine Tätigkeit a.d. Univers.
LRK 5.4.46: 1) Entlassung ohne Pension
2) Bestätigt f. Forschung + Pension. Nicht im Unterricht zu verwenden.
4. Ehrenberg, Dr. Paul, o.Prof. LRK 5.4.46 Bestätigung.
5. Geinitz Dr. Bruno a.o.Prof. " " Bestätigung
6. Görtler Dr. H. a.o.Prof. " " Bestätigung. Rückstufung um 10%
7. Hesse Dr. Gerhard a.o.Prof. " " Bestätigung. Rückstufung um 15%, Bewährung 3 Jahre
8. Höhl Dr. Helmut a.o.Prof. " " Bestätigung. Rückstufung um 5%
9. Husemann Dr. Elfriede, a.o.Prof. " " Bestätigt
10. Köhn Dr. Manfred a.o.Prof. " " Bestätigung der Entlassung
11. Krenn Dr. Karl Dozent " " Bestätigt
12. Marquardt Dr. Hans a.o.Prof. " " Bestätigt. Rückstufg. um 20 %
13. Merker Dr. Ernst o.Prof. " " Bestätigt. Rückst. um 25%
14. Oehlkers Dr. Friedrich o.Prof. " " Bestätigt
15. Schneiderhöhn, Dr. Hans, o.Prof. " " Bestätigt
16. Soergel Dr. Wolfgang o.Prof. " " Bestätigt
17. Speer Dr. Julius o.Prof. " " Bestätigt
18. Staudinger, Dr. Hermann, o.Prof. " " Bestätigt
19. [illegible] Dr. Eduard o.Prof. " " Entlassung
20. [illegible] Dr. Walter Prof. " " Bestätigt

8.11 Auflösung des Instituts für Mathematik und Mechanik der DVFLR in Freiburg

[2]

INSTITUT FÜR ANGEWANDTE MATHEMATIK
DER
ALBERT-LUDWIGS-UNIVERSITÄT
Direktoren: Prof. Dr. H. Görtler
Prof. Dr. J. Nitsche

78 FREIBURG I. BR., den 20.2.1973
Hebelstraße 40
Telefon 203/ 2379
2385
Gö/Te.

An das
Kultusministerium
des Landes
Baden-Württemberg
auf dem Dienstwege

Betr.: Haushalt 1974.
Hier: Sachaversum für das neu zu gründende Institut für Mathematische Mechanik.

Ich stelle hiermit den Antrag, für das Sachaversum des Instituts für Mathematische Mechanik

DM 40.000,--

zu bewilligen.

Begründung:
Das von mir geleitete Institut für Angewandte Mathematik und Mechanik der Deutschen Forschungs- und Versuchsanstalt für Luft- und Raumfahrt e.V. soll aufgelöst und es soll ein Institut für Mathematische Mechanik der Albert-Ludwigs-Universität gegründet werden. Das Institut hat im Verlaufe seines Bestehens (seit 1957) eine umfangreiche Bibliothek (Bücher, Zeitschriftenbände, Sonderdrucksammlung) erworben. Diese Bibliothek und das Inventar des Instituts werden dem neu zu gründenden Institut übereignet. Für die Fortsetzung der laufenden Beschaffung von Zeitschriftenbänden und einschlägiger Buchliteratur sowie für die laufenden Unkosten des Instituts sind Mittel in der obengenannten Höhe erforderlich.

(Prof.Dr.Dr.h.c.Henry Görtler)

[2] Archiv der Universität Freiburg.

8.12 Hauptvortrag

Hauptvortrag von Henry Görtler auf der Wissenschaftliche Jahrestagung der Gesellschaft für Angewandte Mathematik und Mechanik in Darmstadt (12.–16.04.1966) [2]

HAUPTVORTRÄGE

Die Grundlagen der Theorie der physikalischen Dimensionen

Von H. Görtler

1. Einleitung

Die Theorie der physikalischen Dimensionen gipfelt in dem berühmten Π-Theorem. Dieses Theorem (auch Buckinghamsches Theorem oder Theorem von Vaschy genannt) ist seinerseits die Grundlage für die überaus weittragende Methode der Dimensionsanalyse und — bei anderer Ausdeutung — für die gesamte Ähnlichkeits- oder Modellphysik.

Geht man vom Begriff der Dimensionsformel einer physikalischen Größe in einem Grundgrößensystem und von ihrem Potenzproduktcharakter als theoretisch geklärten Gegebenheiten aus, so läßt sich alles, was zur Vorbereitung und zum strengen Beweis des Π-Theorems erforderlich ist, allein mit den Mitteln der linearen Algebra und damit einfach und elegant sowie unter sparsamsten Voraussetzungen beweisen.

Schwierigkeiten bereitet heute eine Darstellung der Theorie der physikalischen Dimensionen nur demjenigen, der diese Theorie aus physikalisch klaren und mathematisch präzisen Grundlagen heraus aufzubauen sucht, der also versucht, Begriff und Struktur einer Dimensionsformel aus der Methodologie des physikalischen Messens und aus der Struktur jener Merkmalmengen zu begründen, zu denen insbesondere die physikalischen Größenarten gehören. Der Überwindung dieser Schwierigkeiten gilt dieser Beitrag.

Die Lehrbücher, Monographien und Handbücher der Physik lassen den Leser in dieser Hinsicht im Stich. Der Begriff der physikalischen Dimensionen wird verschwommen und unzulänglich eingeführt, im Grund als bekannt vorausgesetzt, und man geht zugleich dazu über, Zweck und Nutzen der Dimensionsformeln zu demonstrieren.

Es liegt daher nahe, zu jener Lehrbuchliteratur zurückzugreifen, die sich speziell mit der „Dimensionsanalysis" (dimensional analysis, analyse dimensionnelle), besser: mit der Methode der Dimensionsanalyse befaßt. Es gibt eine große Zahl solcher Bücher, vorwiegend in englischer Sprache, aber auch Bücher in französischer, russischer und spanischer Originalsprache. Es gibt kein deutsches Lehrbuch der Dimensionsanalyse (wohl aber eine reiche deutsche Literatur über die Streitfragen der Einheiten und Maßsysteme, die für die Theorie der physikalischen Dimensionen jedoch ohne Belang sind). In deutscher Sprache liegt nur die — längst vergriffene — Übersetzung des schönen Buches von P. W. Bridgman [1] aus dem Englischen vor (1932).

Diese Übersetzung war ein großes Verdienst. Die englische Originalausgabe (1922) ist, soweit ich weiß, das erste Buch über die Methode der Dimensionsanalyse. Es ist aber zugleich das erste und einzige Buch dieses Gebiets, das sich über die Grundlagen der Theorie der physikalischen Dimensionen eigene Gedanken macht. Spätere Lehrbücher gehen in der Grundlagenfrage nicht über Bridgman hinaus. Die meisten Bücher verzichten ganz und gar auf jede Klärung der Grundlagen. Es gibt sogar Bücher, die stark mit Fehlern und Irrtümern durchsetzt sind. Einige Autoren haben bis heute noch nicht zur Kenntnis genommen, daß die ursprüngliche Formulierung des Π-Theorems durch E. Buckingham (1914) (nach noch sehr unklaren Formulierungsversuchen von A. Vaschy (1890) und anderen) falsch ist.

Bridgman wählte als Ausgangspunkt seiner Darstellung eine gewiß sehr primitive und einfache Eigenschaft aller in der Physik benutzten Maßzahlskalen. Am Beispiel der Längenmessung formuliert handelt es sich um den folgenden Sachverhalt: Mißt man zwei verschiedene Strecken in einer beliebigen Längeneinheit (cm etwa) — die sich ergebenden Maßzahlen seien x_1 und x_2 — und mißt man sie dann in einer beliebigen anderen Längeneinheit (Seemeile etwa) — die resultierenden Maßzahlen seien y_1 und y_2 —, so ist der Quotient der Maßzahlen der beiden Längen in beiden Fällen die gleiche Zahl:

$$\frac{x_1}{x_2} = \frac{y_1}{y_2}.$$

Allgemein: *Das Verhältnis der Maßzahlen zweier physikalisch gleichartiger Größen ist invariant gegenüber Einheitenänderungen der benutzten Maßzahlskalen.*

Literatur

A

A.1 Publikationen

Im Literaturverzeichnis sind die von Görtler publizierten wissenschaftlichen Arbeiten unter den Nummern [1] bis [74] zusammengestellt. Die anderen in diesem Buch zitierten Arbeiten von anderen Autoren und Quellen folgen ab Nummer [75].

A.2 Buchpläne

Darüber hinaus gab es außergewöhnlich viele weitere Buchpläne und Pläne zu wissenschaftlichen Arbeiten [75]:.

- Mathematik für Biologen 1971–1972
- Ergebnislose Verhandlungen mit Ackeret über „Mathematische Grundlagen des Raketenflugs", 1961
- Ergebnislose Verhandlungen mit Ahlswede über „Statistische Kommunikationstheorie", 1972–1975
- Ergebnislose Verhandlungen mit André über „Einführung in die Wirtschaftsmathematik", 1962
- Ergebnislose Verhandlungen mit Beer über „Lösung großer linearer Optimierungsaufgaben", 1975
- Ergebnislose Verhandlungen mit Carlsson über „Bruchmechanische Festigkeitsberechnungen", 1971–1973
- Ergebnislose Verhandlungen zu Clancy: „Aerodynamics", 1975
- Ergebnislose Verhandlungen zu Cremer „Wasserwellen", 1961
- Ergebnislose Verhandlungen zu Dörr: „Fourierreihen und Integrale", 1970

D. Kröner, *Der angewandte Mathematiker Henry Görtler: Sein Leben vor und nach 1945*,
https://doi.org/10.1007/978-3-662-71930-5

- Ergebnislose Verhandlungen zu Dolega: „Randwertprobleme der linearen Diffusion und Wärmeleitung“, 1968
- Ergebnislose Verhandlungen zu Fingado: „Einführung in die Flugmechanik“
- Ergebnislose Verhandlungen zu Eicker: „Statistische Analyse von Zeitreihen“, 1963
- Ergebnislose Verhandlungen zu Fragner: „Vektor-Mechanik“, 1963
- Ergebnislose Verhandlungen mit Flock über „Statistik für Betriebs- und Wirtschaftswissenschaften“, 1969–1972
- Ergebnislose Verhandlungen mit Gaschütz über „Spieltheorie“, 1958–1964
- Ergebnislose Verhandlungen mit Gebelen 1965
- Ergebnislose Verhandlungen Görtler zu: „Grenzschichttheorie“, 1959–1964
- Ergebnislose Verhandlungen zur Übersetzung von „Some mathematical methods of physics“, 1964
- Ergebnislose Verhandlungen zu Gould: „Static Analysis of Surface Structures“, 1975.
- Ergebnislose Verhandlungen mit Gruber über „Die numerische Lösung linearer Gleichungssysteme“, 1964–1965
- Ergebnislose Verhandlungen mit Günther zu: „Anwendung der Tensorrechnung in der Mechanik“, 1962–1964
- Ergebnislose Verhandlungen mit Hämmerlin über „Integralgleichungen“, 1964–1965
- Ergebnislose Verhandlungen mit Hahn über: „Einführung in die Methoden der Festigkeitslehre“, 1972
- Ergebnislose Verhandlungen Hardtwig : „Grundzüge der Fehler- und Ausgleichsrechnung“, 1961
- Ergebnislose Verhandlungen mit Heinhold zu: „Einführung in die Statistik“, 1961–1962
- Ergebnislose Verhandlungen zur Übersetzung von „Elements of Numerical Analysis“, 1961–1968
- Ergebnislose Verhandlungen zur Übersetzung von „The Functions of Mathematical Physics,“ 1960–1974
- Ergebnislose Verhandlungen zur Übersetzung der Monographie Janenko, 1969
- Ergebnislose Verhandlungen zur Übersetzung von „Asymptotic Approximations“, 1962–1964
- Ablehnung der Veröffentlichung Jeger: „Nomographie“, 1965
- Ergebnislose Planung des Titels mit Kalman: „Mathematische Systemtheorie“, 1977
- Ergebnislose Planung des Titels mit Kneser u. Künzi: „Linear Programming“, 1958–1963
- Ergebnislose Planung des Titels mit König „Bahnmechanik“, 1967
- Ergebnislose Verhandlungen mit König über: „Distributionentheorie“, 1961–1963
- Ergebnislose Planung der Übersetzung von: „Theory of Matrices“, 1976
- Ergebnisloser Buchplan Lehmann: „Kontinuumsmechanik“, 1967–1969

- Ergebnislose Verhandlungen zum Titel Leipholz: „Variationsmethoden in der Mathematik“, 1968.
- Ablehnung Manuskript Leonhard: „Statistische Analyse linearer Regelsysteme“, 1972–1973.
- Ergebnislose Planung der Übersetzung von: „Principos Fundamentales de las Nuevas Mecanicas“, 1967–1968
- Ergebnislose Planung des Titels mit Ludwig: „Molekularströmungen“, 1958–1959
- Gescheitertes Manuskriptangebot Matossi: „Gruppentheorie der Eigenschwingungen von Punktsystemen“, 1960.
- Ergebnislose Planung des Titels mit Meixner: „Thermodynamik“, 1961–1965
- Ergebnislose Verhandlungen mit Mettler über: „Analytische Mechanik“, 1958
- Ergebnislose Übersetzungsplanung des Titels „Integral Transforms in Applied Mathematics“, 1972
- Abgebrochene Planung des Titels Molitz; „Mathematische Grundlagen des Raketenflugs“, 1959–1962
- Ergebnislose Verhandlungen mit Müller über: „Magnetohydrodynamik“, 1964
- Ergebnislose Verhandlungen mit Nickel über: „Informatik“, 1966–1970
- Ergebnislose Verhandlungen mit Nickel über: „ALGOL-Praktikum“, 1963–1964
- Abbruch Buchplan mit Nitsche: „Numerik der elliptischen und parabolischen Differentialgleichungen“, 1963–1975
- Abbruch Buchplan Noether: „Wahrscheinlichkeitsrechnung und mathematische Statistik“, 1958
- Ergebnislose Verhandlungen Pack über „Magnetogasdynamik“, 1963
- Abbruch Buchplanung Pai: „Magnetogasdynamics and Plasmadynamics“, 1958–1962
- Abbruch Buchplanung Pestel: „Technische Elastomechanik“, 1963–1965
- Abbruch Buchplanung Rheinboldt: „Theoretische Grundlagen der numerischen Analysis“, 1962–1965.
- Abbruch Buchplan Rieder: „Elastomechanik“, 1967–1968
- Abbruch Buchplanung Rimrott: „Technische Astromechanik“, 1972–1974
- Ablehnung Manuskript Scheibal: „Versicherungsmathematik“, 1963
- Ablehnung Neubearbeitung Schmeidler: „Lineare Operatoren im Hilbertschen Raum“, 1966
- Ergebnisloses Anschreiben Schnorr zu rekursiven Funktionen, 1970
- Abbruch Buchplanung Schmidt-Kaler: „Himmelsmechanik“, 1964
- Ergebnislose Verhandlungen mit Schönhage über „Komplexitätstheorie“, 1974
- Ergebnislose Verhandlungen mit Schwarz über „Finite Elemente“, 1974–1976
- Ergebnislose Verhandlungen mit Schot über „Kavitation“, 1964
- Abbruch des Buchplans Schuh: „Wärmeübertragung“, 1958–1963
- Aufgabe Buchplan „Raketenmechanik“, 1961–1966
- Ablehnung Buchplan Seewald: „Strömungslehre“, 1961
- Streichung Buchvorhaben Sommer: „Mathematik 1972–1974 für Physiker“, 1972–1974

- Korrespondenz Pack zur Mitarbeit an Lamm-Reihe mit Titel „Transport Theory“, 1972–1973
- Korrespondenz Plate zum Buchthema „Turbulente Diffusion“, 1976–1978
- Korrespondenz Reinermann zur Fixpunkttheorie, 1974
- Korrespondenz Ritter zum Buchtitel „Mathematische Optimierung“, 1972–1974
- Korrespondenz zum Buchplan Sohr: „Mathematik für Physiker“, 1972–1975
- Korrespondenz zum Buchplan „Analytische Störungsrechnung“
- Korrespondenz zum Buchplan Stiefel: „Laplace-Transformation und Asymptotik“, 1962–1963
- Korrespondenz zum Buchtitel Stummel: „Mathematisches Praktikum“, 1970
- Korrespondenz zum Buchtitel Velte: „Eigenwertprobleme“, 1976–1977
- Korrespondenz zum Buchtitel Weinitschke: „Tensorrechnung“ 1975–1977
- Korrespondenz zur eventuellen Publikation einer Abhandlung über die Magnetohydrodynamik, 1967
- Korrespondenz zur eventuellen Publikation einer Abhandlung über die Kontinuumsmechanik, 1962–1966
- Korrespondenz zur eventuellen Publikation einer Abhandlung über die Operatorenrechnung 1966
- Zur Ablehnung eines Übersetzungsangebots aus dem Englischen, 1967
- Zum Buchprojekt „Regelungstheorie“, 1966
- Korrespondenz zur Verfasserfrage einer Abhandlung über die Approximationstheorie, 1964
- Korrespondenz zur eventuellen Publikation einer Abhandlung über Versicherungsmathematik, 1960–1965
- Korrespondenz zur Schaffung einer Formelsammlung zur praktischen Mathematik, 1965
- Über Veröffentlichung „Vektoren, Tensoren, Spinoren“, 1963
- Über Veröffentlichung „Funktionsanalysis“, 1962
- Korrespondenz zur Schaffung einer Abhandlung über die Netzwerktheorie, 1960
- Korrespondenz zur Informationstheorie, 1959
- Korrespondenz zur Erweiterung der Lamm-Reihe um Publikationen zur Elastizitätstheorie sowie zur analytischen Mechanik, 1963–1968
- Korrespondenz zur Getriebelehre, 1958
- Korrespondenz zur geplanten Publikation „Graphische Methoden“, 1960–1963
- Korrespondenz zur Übersetzung von „Operations Research“, 1960–1963

Literatur

1. H. Görtler, *Turbulenz.* In: Walther, Alwin (Hrsg.): Angewandte Mathematik. S. 75–99. Wiesbaden: Dieterich 1948 (= Band 5 der FIAT Reviews of German Science: Naturforschung und Medizin in Deutschland 1939–1946).
2. H. Görtler, *Die Grundlagen der Theorie der physikalischen Dimensionen.* ZAMM – Journal of Applied Mathematics and Mechanics/Zeitschrift für Angewandte Mathematik und Mechanik Volume 46, Issue S1, 1966.

3. H. GÖRTLER, *Ludwig Prandtl 75 Jahre* Physikalische Blätter, 1950.
4. H. GÖRTLER, K. KIRCHGÄSSNER, P. SORGER, W. VELTE, *Neuere mathematische Ergebnisse zum stationären Randwertproblem der klassischen Hydrodynamik zäher Flüssigkeiten.* 1965 – Deutsche Versuchsanstalt für Luft- und Raumfahrt.
5. H. GÖRTLER, *Dimensionsanalyse: Theorie der physikalischen Dimensionen mit Anwendungen.* Berlin: Springer, 1975. – 256 p. (Ingenieurwissenschaftliche Bibliothek).
6. H. GÖRTLER, *Ein Differenzenverfahren zur Berechnung laminarer Grenzschichten.* Ingenieur-Archiv, 1948 – Springer.
7. H. GÖRTLER, H. WITTING, *Theorie der sekundären Instabilität der laminaren Grenzschichten.* Grenzschichtforschung/Boundary Layer Research, 1958 – Springer.
8. W. TOLLMIEN, H. SCHLICHTING, H. GÖRTLER, F.W. RIEGELS, *Ludwig Prandtl Gesammelte Abhandlungen: zur angewandten Mechanik, Hydro-und Aerodynamik.* 1961 – Springer.
9. J. DÖRR, H. GÖRTLER, G. HÄMMERLIN, E. METTLER, H. GERICKE, *50 years of GAMM. (Postprint of the supplement 50 Jahre GAMM zum Ingenieur-Archiv 41 (1972)). (50 Jahre GAMM. (Nachdruck des Beiheftes 50 Jahre GAMM zum Ingenieur-Archiv 41 (1972)).)* Mitt. Ges. Angew. Math. Mech. 20, No. 2, 1–36 (1997).
10. H. GÖRTLER, *Zur Geschichte des Π-Theorems.* Z. angew. Math. Mech. 55, 3–8 (1975).
11. H. GÖRTLER, *Dimensionsanalyse. Theorie der physikalischen Dimensionen mit Anwendungen.*, Ingenieurwissenschaftliche Bibliothek. Berlin-Heidelberg-New York: Springer-Verlag. IX, 247 Seiten, (1975).
12. H. GÖRTLER, *Ludwig Prandtl – Persönlichkeit und Wirken.*, Z. Flugwiss. 23, 153–162 (1975).
13. H. BIPPES, H. GÖRTLER, *Dreidimensionale Störungen in der Grenzschicht an einer konkaven Wand.*, Acta Mechanica14 (1972), 251–267.
14. P. COLAK- - ANTIĆ, H. GÖRTLER, *Flow visualization studies of free convection laminar-to-turbulent transition along a heated vertical plate in water induced by two-dimensional forced disturbances.* Wärme- und Stoffübertragung; 1971, Vol. 4 Issue 1, p 25–31.
15. H. GÖRTLER, K. KIRCHGÄSSNER, P. SORGER, *Branching solutions of the Benard problem.* Probl. Gidrodinam. Mekh. sploshn. Sredy, 133–149 (1969).
16. H. GÖRTLER, H. KRUMHAAR, *INSTITUT FUER ANGEWANDTE MATHEMATIK UND MECHANIK (Institute for Applied Mathematics and Mechanics).* DTIC AND NTIS, 1968. https://www.worldcat.org/title/institut-fuer-angewandte-mathematik-und-mechanik-freiburg-i-br-018-institute-for-applied-mathematics-and-mechanics-freiburg-in-breisgau/oclc/227561321.
17. H. GÖRTLER, W. VELTE, *Recent mathematical treatments of laminar flow and transition problems.* Phys. Fluids 10, Supplement, S3–S10 (1967).
18. H. GÖRTLER (ED), P. SORGER (ED), *Applied mechanics. Proceedings of the eleventh international congress of applied mechanics Munich (Germany) 1964.* Berlin-Heidelberg-New York: Springer-Verlag. XXVIII, 1189 p. with 740 fig. (1966).
19. H. GÖRTLER, *Über eine Analogie zwischen den Instabilitäten laminarer Grenzschichtströmungen an konkaven Wänden und an erwärmten Wänden.* Ing.-Arch. 28, 71–78 (1959).
20. H. GÖRTLER, *Allgemeine Verfahren zur Lösung der Grenzschichtgleichungen.* Grenzschichtforsch. Sympos. Freiburg/Br. 26.–29. Aug. 1957, 79–84 (1958).
21. H. GÖRTLER, H. WITTING, *Theorie der sekundären Instabilität der laminaren Grenzschichten.* Grenzschichtforsch. Sympos. Freiburg/Br. 26.–29. Aug. 1957, 110–126 (1958).
22. H. GÖRTLER, *Einige laminare Grenzschichtströmungen, berechnet mittels einer neuen Reihenmethode.* Z. Angew. Math. Phys. 9b, 293–306 (1958).
23. H. GÖRTLER, *Grenzschichtforschung. Symposium Freiburg/Br. 26. bis 28. August 1957.* Berlin-Göttingen-Heidelberg: Springer-Verlag. XII, 411 S. mit 206 Abb. (1958).
24. H. GÖRTLER, *On the calculation of steady laminar boundary layer flows with continuous suction.* J. Math. Mech. 6, 323–340 (1957).
25. H. GÖRTLER, *Zahlentafeln universeller Funktionen zur neuen Reihe für die Berechnung laminarer Grenzschichten. Mit Anleitung zum Gebrauch.* (Deutsche Versuchsanstalt für Luftfahrt e. V. Bericht No. 34.) Köln und Opladen: Westdeutscher Verlag. 91 S. (1957).

26. H. GÖRTLER, H. WITTING, Reibung *Zu den Tanischen Grenzschichten.* Österr. Ing.-Arch. 11, 111–122 (1957).
27. H. GÖRTLER, *A new series for the calculation of steady laminar boundary layer flows.* J. Math. Mech. 6, 1–66 (1957).
28. H. GÖRTLER, *Eine neue und allgemeine Methode zur Berechnung laminarer Grenzschichten.* Z. Angew. Math. Mech. 36, 298 (1956).
29. H. GÖRTLER, *Dreidimensionale Instabilität der ebenen Staupunktströmung gegenüber wirbelartigen Störungen.* 50 Jahre Grenzschichtforschung, 304–314 (1955).
30. H. GÖRTLER (ED.), W. TOLLMIEN (ED), *50 Jahre Grenzschichtforschung.* Braunschweig: Vieweg-Verlag, VIII, 499 S., 236 Abb. (1955).
31. H. GÖRTLER, *Dreidimensionales zur Stabilitätstheorie laminarer Grenzschichten.* Z. Angew. Math. Mech. 35, 362–364 (1955).
32. H. GÖRTLER, *Boundary layer effects in aerodynamics. Bericht über ein Symposium.* Z. Flugwissenschaften 3, 159–164 (1955).
33. H. GÖRTLER, *Decay of swirl in an axially symmetrical jet, far from the orifice.* Rev. Mat. Hisp.-Am., IV. Ser. 14, 143–178 (1954).
34. H. GÖRTLER, *Neuere Anwendungen der Charakteristikentheorie in der Hydrodynamik.* Acad. Roy. Belgique, Cl. Sci., Mém., Coll. 8 28, No. 6, 9–16 (1954).
35. L. COLLATZ, H. GÖRTLER, *Rohrströmung mit schwachem Drall.* Z. Angew. Math. Phys. 5, 95–110 (1954).
36. H. GÖRTLER, *Über nichtlineare partielle Differentialgleichungen vom Reibungsschicht-Typus.* Atti IV. Congr. Un. Mat. Ital. 2, 116–120 (1953).
37. L. COLLATZ, H. GÖRTLER, *Rohrströmungen mit schwachem Drall.* Wiss. Z. Tech. Hochsch. Dresden 2, 347–352 (1953).
38. H. GÖRTLER, *Zur laminaren Grenzschicht am schiebenden Zylinder.* Arch. Math. 3, 216–231 (1952).
39. H. GÖRTLER, *Eine neue Reihenentwicklung für laminare Grenzschichten.* Z. Angew. Math. Mech. 32, 270–271 (1952).
40. H. GÖRTLER, *Über die Lösung nichtlinearer partieller Differentialgleichungen vom Reibungsschichttypus.* Z. Angew. Math. Mech. 30, 265–267 (1950).
41. H. GÖRTLER, *Reibungswiderstand einer schwach gewellten, längs angeströmten Platte.* Arch. Math., Karlsruhe 1, 450–453 (1949).
42. H. GÖRTLER, *Zur Approximation stationärer laminarer Grenzschichtströmungen mit Hilfe der abgebrochenen Blasiusschen Reihe.* Arch. Math., Oberwolfach 1, 235–240 (1949).
43. H. GÖRTLER, *Bemerkung zur Grundlegung der Dimensionsanalysis.* Z. Naturforsch. A 3, 668–669 (1948).
44. H. GÖRTLER, *Grenzschichtentstehung an Zylindern bei Anfahrt aus der Ruhe.* Arch. Math., Oberwolfach 1, 138–147 (1948).
45. H. GÖRTLER, A. WALTHER, *Natural science and medicine in Germany 1939–1946. Volume 5: Applied Mathematics. Part III: Mathematical foundations of fluid mechanics. Naturforschung und Medizin in Deutschland 1939–1946. Für Deutschland bestimmte Ausgabe der FIAT Review of German Science. Band 5: Angewandte Mathematik. Teil III: Mathematische Grundlagen der Strömungsmechanik.* Wiesbaden: Dieterich'sche Verlagsbuchhandlung. 202 p. (1948).
46. H. GÖRTLER, *Ein Differenzenverfahren zur Berechnung laminarer Grenzschichten.* Ing.-Arch. 16, 173–187 (1948).
47. H. GÖRTLER, *Einfluß einer schwachen Wandwelligkeit auf den Verlauf der laminaren Grenzschichten. II.* Z. Angew. Math. Mech. 28, 13–22 (1948).
48. H. GÖRTLER, *Einige Bemerkungen über Strömungen in rotierenden Flüssigkeiten.* Z. Angew. Math. Mech. 24, 210–214 (1944).
49. H. GÖRTLER, *Verdrängungswirkung der laminaren Grenzschichten und Druckwiderstand.* Ing.-Arch. 14, 286–305 (1944).
50. H. GÖRTLER, *Über eine Schwingungserscheinung in Flüssigkeiten mit stabiler Dichteschichtung.* Z. Angew. Math. Mech. 23, 65–71 (1943).

51. H. GÖRTLER, *Berechnung von Aufgaben der freien Turbulenz auf Grund eines neuen Näherungsansatzes.* Z. Angew. Math. Mech. 22, 244–254 (1942).
52. E. KAMKE, F. WILLERS, H. GÖRTLER, *Ergänzungen zu: Kamke, Differentialgleichungen: Lösungsmethoden und Lösungen.* Z. Angew. Math. Mech. 22, 233–234 (1942).
53. H. GÖRTLER, *Strömungen über Bodenerhebungen auf der rotierenden Erde.* Meteorolog. Z. 59, 405–410 (1942).
54. H. GÖRTLER, *Berechnung von Aufgaben der freien Turbulenz auf Grund eines neuen Näherungsansatzes.* Z. angew. Math. Mech. 22, 244–254 (1942).
55. H. GÖRTLER, K. WIEGHARDT, *Über eine gewisse Klasse von Strömungen zäher Flüssigkeiten und eine Kennzeichnung der Poiseuille-Strömung.* Math. Z. 48, 247–250 (1942).
56. H. GÖRTLER, *Instabilität laminarer Grenzschichten an konkaven Wänden gegenüber gewissen dreidimensionalen Störungen.* Z. Angew. Math. Mech. 21, 250–252 (1941).
57. H. GÖRTLER, *Neuere Beiträge zur Dynamik atmosphärischer und ozeanischer Strömungen.* Naturwiss. 29, 473–479 (1941).
58. H. GÖRTLER, *Einfluß der Bodentopographie auf Strömungen über der rotierenden Erde.* Z. angew. Math. Mech. 21, 279–303 (1941).
59. H. GÖRTLER, *Neuere Beiträge zur Dynamik atmosphärischer und ozeanischer Strömungen.* Naturwiss. 29, 473–479 (1941).
60. H. GÖRTLER, *Instabilität laminarer Grenzschichten an konkaven Wänden gegenüber gewissen dreidimensionalen Störungen.* Z. angew. Math. Mech. 21, 250–252 (1941).
61. H. GÖRTLER, *Further development of a boundary layer profile for a given pressure distribution.* J. Aeronaut. Soc., London, 45, 35–50 (1941).
62. H. GÖRTLER, *Über eine dreidimensionale Instabilität laminarer Grenzschichten an konkaven Wänden.* Nachr. Akad. Wiss. Göttingen, Math.–Physik. Kl. 2, 1941, 1–26 (1941).
63. H. GÖRTLER, *Über den Einfluß der Wandkrümmung auf die Entstehung der Turbulenz.* Z. Angew. Math. Mech. 20, 138–147 (1940).
64. H. GÖRTLER, *Gasströmungen mit Übergang von Unterschall- zu Überschallgeschwindigkeiten.* Z. angew. Math. Mech. 20, 254–262 (1940).
65. H. GÖRTLER, *Über den Einfluß der Wandkrümmung auf die Entstehung der Turbulenz.* Z. angew. Math. Mech. 20, 138–147 (1940).
66. H. GÖRTLER, *On the transition from subsonic to supersonic speed in nozzles. (Zum Übergang von Unterschall- zu Überschallgeschwindigkeiten in Düsen.)* Z. Angew. Math. Mech. 19, 325–337 (1939).
67. H. GÖRTLER, *Weiterentwicklung eines Grenzschichtprofils bei gegebenem Druckverlauf.* Z. angew. Math. Mech. 19, 129–140 (1939).
68. H. GÖRTLER, *Erzeugung stützbarer Bereiche. II.* Deutsche Math. 3, 189–200 (1938).
69. H. GÖRTLER, *Zwei Lösungen der Aufgabe 219 (W. Blaschke).* Jber. DMV 48,(1938), 8–10.
70. H. GÖRTLER, *Zur Addition beweglicher ebener Eichbereiche.* Math. Z. 42, 313–321 (1937).
71. H. GÖRTLER, *Erzeugung stützbarer Bereiche.* Deutsche Math. 2, 454–466 (1937).
72. H. GÖRTLER, *Ein Beitrag zum Verständnis unseres Wollens.* DM 1 (1936), 263–265.
73. H. GÖRTLER, *Asymptotische Eigenwertgesetze bei Differentialgleichungen vierter Ordnung.* Mitt. Math. Semin. Univ. Giessen 26, 1–62 (1936).
74. H. GÖRTLER, *Asymptotische Eigenwerte bei Differentialgleichungen vierter Ordnung.* JFM 62.0944.02 Mitt. math. Sem. Univ. Gießen 26, (1936).

Allgemeine Literatur

75. *Archiv Universität Freiburg* B0034 Signatur 6, Signatur 153, Signatur 479, Signatur 1072; E 0006 (Mathematisches Forschungsinstitut Oberwolfach (1944–1961)), 45, 49, 12.
76. *Archiv der Max-Planck-Gesellschaft*, Hauptabteilung III, Laufzeit 1947–1953, Repositur 61, Blattzahl 16, Bestell-Nr: 542.
77. *Archiv der Max-Planck-Gesellschaft* I_044_0179, I. Abt., Rep. 44, Nr. 650; I. Abt., Rep.44, Nr. 179.
78. F. BAUER, *Historische Notizen zur Informatik.* Springer Berlin Heidelberg 2009.
79. G. BÄRWOLFF, *Mathematiker des Monats Januar 2019, Kurt Erich Schröder (1909–1978).* Berliner Mathematische Gesellschaft e. V., http://www.math.berlin/mathematiker/kurt-erich-schroeder.html.
80. E. BERGER, *Film: Übergang von laminarer zu turbulenter Strömung.* TIBAV-Portal, IWF Göttingen, https://av.tib.eu/media/11056, https://doi.org/10.3203/IWF/C-816.
81. M. ECKERT, *Ludwig Prandtl, Strömungsforscher und Wissenschaftsmanager, Ein unverstellter Blick auf sein Leben.* Springer Berlin Heidelberg 2017.
82. M. ECKERT, *A Kind of Boundary Layer 'Flutter': The Turbulent History of a Fluid Mechanical Instability*, https://arxiv.org/ftp/arxiv/papers/1706/1706.00334.pdf.
83. M. EPPLE, A. KARACHALIOS, V. REMMERT, *Aerodynamicsand Mathematics in National Socialist Germany and Fascist Italy: A Comparison of Research Institutes.*
84. M. EPPLE, *Forschungsprogramm „Geschichte der Kaiser-Wilhelm-Gesellschaft im Nationalsozialismus" Research Program „History of the Kaiser-Wilhelm-Society in the National Socialist Era"*, RECHNEN, MESSEN, FÜHREN KRIEGSFORSCHUNG AM KAISER-WILHELM-INSTITUT FÜR STRÖMUNGSFORSCHUNG (1937–1945), Herausgegeben von Carola Sachse im Auftrag der Präsidentenkommission der Max-Planck-Gesellschaft zur Förderung der Wissenschaften e. V., Göttingen 2003.
85. E. P. FISCHER *Im Gespräch mit Burkhard Müller-Ullrich im Deutschlandfunk am 26.06.2012.*
86. TH. FROMME, H. PÖSCH, H. WITTING, *Modell eines Rechenautomaten mit kleinstem Aufwand zum Studium von Programmierungsproblemen*, Lab. de Rech. Techn. de St. Louis, 17. März 1955, Memoire Nr. 2 m/55, Classement Q II 7.
87. H.D. HELLIGE, *Geschichten der Informatik: Visionen Paradigmen Leitmotive*, Springer Berlin, Heidelberg, New York 2004.
88. M. PLANCK, *My Audience with Adolf Hitler* [May 6, 1947]. In: Hentschel K. (eds) Physics and National Socialism. Science Networks·Historical Studies, vol 18. Birkhäuser Basel. https://doi.org/10.1007/978-3-0348-9008-3_114.
89. A. HITLER, *Dummheit oder Verbrechen*, in: Eberhard Jäckel/Axel Kuhn (Hgg.), Hitler. Sämtliche Aufzeichnungen 1905–1924, Stuttgart 1980.
90. D.HOFFMANN, M. WALKER, *Physiker zwischen Autonomie und Anpassung*, Wiley, Weinheim 2006.
91. BRIEF DES DEKANS AN REICHSMINISTER FÜR WISSENSCHAFT, ERZIEHUNG UND VOLKSBILDUNG, GUTACHTEN ÜBER GOERTLER 1943. Archiv Uni Freiburg B15/155.
92. K. KIRCHGÄSSNER, *Henry Görtler.*, ZAMM. Z. angew. Math. Mech. 68 (1988) 9.
93. K. KIRCHGÄSSNER, *Zum 70. Geburtstag von Henry Görtler.*, Mathematical Methods in the Applied Sciences; 1979, Vol. 1 Issue 4, p 443–444.
94. E. KLEE, *Das Personenlexikon zum Dritten Reich. Wer war was vor und nach 1945*, Fischer Taschenbuch Verlag, Zweite aktualisierte Auflage, Frankfurt am Main 2005, ISBN 3-596-16048-0, S. 471.
95. M. GRÜTTNER, *Studenten im Dritten Reich*, Paderborn 1995, S. 509.
96. P. LENARD, *Deutsche Physik.* Band 1, München 1936, Seite IX.
97. H. MAIER, *Rüstungsforschung im Nationalsozialismus. Organisation, Mobilisierung und Entgrenzung der Technikwissenschaften*, Wallstein Verlag.
98. V. PECKHAUS, *Der nationalsozialistische „neue Begriff" von Wissenschaft am Beispiel der „Deutschen Mathematik" – Programm, Konzeption und politische Realisierung*, Hausarbeit zur Erlangung des Grades eines Magister Artium, RWTH Aachen, 1984.

99. MFO Vortragsbuch, *Kommentar Vortragsbuch MFO* 1, (24.9.44 – 3.4.49),
100. MFO Web Seite, *Gründungsmitglieder MFO.* https://www.mfo.de/about-the-institute/structure/society/founder-members.
101. MFO Web Seite, *Gründungsmitglieder Gesellschaft für Mathematische Forschung.* https://www.mfo.de/about-the-institute/structure/society/minutes-of-the-foundation.
102. MFO Web Seite, *Mitglieder des ersten Wissenschaftlichen Beirats des MFO.* https://oda.mfo.de/handle/mfo/207.
103. Festschrift zum 60-jährigen Jubiläum, Mathematisches Forschungsinstitut Oberwolfach, 2004.
104. MFO Web Seite, *Brief Rektor Süss an Unterrichtsministerium vom 15.12.1944.* Archiv der Universität Freiburg C89/4.
105. Brief von Püschel an Süss, 19.10.42. Uni Archiv C89/71.
106. V. Remmert, *Eine ungeahnte Synthese zwischen reiner und angewandter Mathematik: Kriegsrelevante mathematische Forschung in Deutschland während des Zweiten Weltkrieges.* In Geschichte der Kaiser-Wilhelm-Gesellschaft im Nationalsozialismus: Bestandsaufnahme und Perspektiven der Forschung, ed. Doris Kaufmann (Gottingen, 2000), 1:258–95.
107. V. Remmert, *Mathematicians at war power struggles in Nazi Germany's Mathematical community: Gustav Doetsch and Wilhelm Süss.* Revue d'histoire des mathematiques, 5 (1999), p. 7–59.
108. V. Remmert, *Vom Umgang mit der Macht: Das Freiburger Mathematische Institut im Dritten Reich.* Zeitschrift f. Sozialgeschichte des 20. u. 21. Jahrh. 14 (1999) 2, S. 56–85.
109. V. Remmert, *Selbstansichten auf das Mathematische Forschungsinstitut Oberwolfach, 1944–1959: Auf der Suche nach einer institutionellen Identität.* Mathematische Semesterberichte, 2019.
110. V. Remmert, *Das Mathematische Institut der Universität Freiburg (1900–1950)*, in: M. Toepell (ed), Mathematik im Wandel, Anregungen zum fächerübergreifenden Mathematikunterricht, Vol. 2, Hildesheim, Berlin 2001, 374–392.
111. V. Remmert, *Das Problem der Kriegsforschung in Mathematik und Naturwissenschaften: Wilhelm Süss als Rektor und als Vorsitzender der Deutschen Mathematiker-Vereinigung*, in: Martin, Bernd (Hg.): Von der badischen Landesuniversität zur Universität des 21. Jahrhunderts, Freiburg/München 2007, 485–502 [Festschrift zur 550 Jahresfeier der Albert-Ludwigs-Universität Freiburg im Breisgau, Band III].
112. V. Remmert, *Findbuch des Bestandes C 89 – Nachlaß Wilhelm Süss (1895–1958): 1913–1961, Freiburg 2000* Universitätsarchiv Freiburg.
113. K. Roesner, *Persönliche Mitteilung vom 18.9.2021 als Email.*
114. J. Wauer, *Die Mechanik und ihre Fachvertreter an der Universität Karlsruhe: Von den Anfängen bis an die Schwelle des 21. Jahrhunderts*, (Veröffentlichungen aus dem Archiv des Karlsruher Instituts für Technologie) 2017.
115. H. Witting, *Nachruf auf Henry Görtler*, Heidelberger Akademie der Wissenschaften.
116. *Die „goldenen sechziger Jahre" der Mathematischen Statistik in Münster. Aufbau eines Lehr- und Forschungsprogramms durch H. Witting*, www.uni-muenster.de > Stochastik > wir > geschkap4.
117. https://onlinelibrary.wiley.com/doi/abs/10.1002/phbl.19470030502.
118. http://www.horst-zuse.homepage.t-online.de/fromme.html.
119. G. Ziegler, *Zeit Online, 22. Januar 2009, in einer Erinnerung, anläßlich Cartans Tod im Jahr 2008, kurz nach seinem 104. Geburtstag.*
120. *Görtler, Heinrich Universitätsarchiv Göttingen, Math.-Nat. Pers. 8.*
121. *Görtler, Henry Universitätsarchiv Freiburg, B162-1839.* <error l="545"c=Ündefined command "/>Allgemeine Literatur
122. *Görtler, Henry Universitätsarchiv Freiburg, B162-1840.*
123. *Görtler, Henry Universitätsarchiv Freiburg, B162-1841.*
124. *Görtler, Henry Universitätsarchiv Göttingen, Kur. 10358 Bd. 1.*

Stichwortverzeichnis

D. Kröner, *Der angewandte Mathematiker Henry Görtler: Sein Leben vor und nach 1945*,
https://doi.org/10.1007/978-3-662-71930-5

FSC
www.fsc.org
MIX
Papier | Fördert
gute Waldnutzung
FSC® C083411

Zeitfracht Medien GmbH
Ferdinand-Jühlke-Straße 7
99095 Erfurt, Deutschland
produktsicherheit@kolibri360.de